建筑与风景速写

张弢 主编
刘春燕 杜音然 副主编

化学工业出版社
·北京·

内容简介

“建筑与风景速写”是环境艺术设计、空间设计等专业重要的基础课程，围绕结构、明暗、图式、速写草图四大板块，讲授透视、构图等基础造型知识以及结构形态的分析与表现，研究和揭示视觉表象及潜在要素。通过讲解建筑与风景的速写与草图应用，使读者在观察、理解、想象、创造和表达等的过程中，为专业学习打下扎实基础。本书可作为“建筑与风景速写”课程的教材，引导读者通过速写练习提升观察技巧和快速记录能力，讲解了一系列关于建筑绘画的技巧和方法，让读者能够更加准确地表达建筑的形态和空间感。此外，本书还介绍了一些绘画材料和工具的选择与使用，设置了一些实际的练习项目，让读者有机会将所学的技巧运用到实践中。

本书内容涵盖了从城市风景到乡村景观的多种主题，是一本建筑相关专业的实用教材，也是想要提升建筑和风景绘画技能人群的一本绘画指南。

图书在版编目（CIP）数据

建筑与风景速写 / 张弢主编；刘春燕，杜音然副主编. -- 北京：化学工业出版社，2024. 7. -- ISBN 978-7-122-45863-6

Ⅰ. TU204.111

中国国家版本馆CIP数据核字第2024SA7839号

责任编辑：毕小山
文字编辑：刘　璐
责任校对：宋　玮
装帧设计：刘丽华

出版发行：化学工业出版社
（北京市东城区青年湖南街13号　邮政编码100011）
印　　装：盛大（天津）印刷有限公司
889mm × 1194mm　1/16　印张14　字数410千字
2024年9月北京第1版第1次印刷

购书咨询：010-64518888
售后服务：010-64518899
网　　址：http://www.cip.com.cn
凡购买本书，如有缺损质量问题，本社销售中心负责调换。

定　　价：65.00元

编写人员名单

主　编： 张　弢

副主编： 刘春燕　杜音然

参　编： 张永志　马　骏

徐　令　赵　婧

金旭东　韩　洁

张　楠　杨　艳

殷　遐　牛艳玲

张秋实　沈小华

孙　伟　田　颖

胡炳权　梁家玮

孔泽军　钱　筠

前言

党的二十大报告中指出，要坚持教育优先发展，加快建设教育强国、人才强国，培养德智体美劳全面发展的社会主义建设者和接班人，加快建设高质量教育体系，发展素质教育，促进教育公平。本书旨在为环境艺术设计、建筑学、园林景观设计等相关专业的学生及教师、设计从业人员、施工从业人员以及设计爱好者等了解建筑与风景速写的绘制方法及常用速写工具的种类和使用方法，掌握常见透视原理，独立完成建筑及景观速写、空间设计的手绘方案图提供帮助和指导。

绘画是一种具有创造性的艺术形式，为人们的生活增添了美好的色彩。而速写作为绘画的基础，不仅对学习绘画的初学者和爱好者来说是不可或缺的一部分，而且对空间设计类专业的教学来说也起着十分重要的作用。

本书从建筑与风景入手，建立建筑速写与风景速写一体的学习体系。建筑和风景的关系密切，建筑的形态和空间可以与周围环境产生共鸣，而风景则可以强化建筑的造型和空间氛围。建筑与风景结合，能体现出线条的韧性与刚性。建筑和风景是人类文明发展的两个重要方面，建筑是人们用来居住、生产、娱乐和工作等的活动场所，而风景则是拥有自然特征的城市绿化、公园休闲等环境的组成部分。二者本来是相互独立的概念，但是在当今社会，建筑和风景经常被结合起来，成为独特的艺术表现形式。

在十多年的速写教学中，我体会到学生的速写能力通过一定量的临摹与写生，进步会比较快，但是整体概括能力、选择与加减能力、画面的组织能力和画面的艺术处理能力显得比较弱。建议学生平时经常携带小速写本和笔，可以走走画画并记录自己的感受。这是课堂教学的延伸，既增加了学生的实践机会又弥补了课时不足的缺憾。学生经过几年的实践，便会逐渐从硬笔写生的过程中积累经验，提高空间形体结构想象力，有些同学甚至具备独特的速写表现力和创造力，这对后期专业课学习尤为重要，可以做到用最简练、快速的手法表达自己的构思。

本书旨在提供一些实用的速写技巧和方法，帮助大家逐步掌握速写的基础知识，增强绘画技巧和创作能力。同时，本书也力求以具体的案例和实用的技巧让大家更快地融入绘画的世界中，体会到快乐和成就感。本书内容包括建筑与风景速写概述、建筑与风景速写的表现形式、建筑与风景速写的基础训练、植物与人物速写专项、山石与水景速写专项、铺地与环境小品速写专项、风景写生基础、建筑与风景速写综合练习、优秀速写作品欣赏。每一章内容都有详细的理论介绍和实例操作，既能满足基础练习需求，又能满足提高和进阶的要求。

本书在编写过程中参考了国内外有关著作、论文，以及互联网资源，在此谨向相关作者深表谢意。由于编者水平有限，加之时间仓促，书中疏漏和不足之处在所难免，敬请读者批评指正。

张　弢

2024年1月于南京

目录

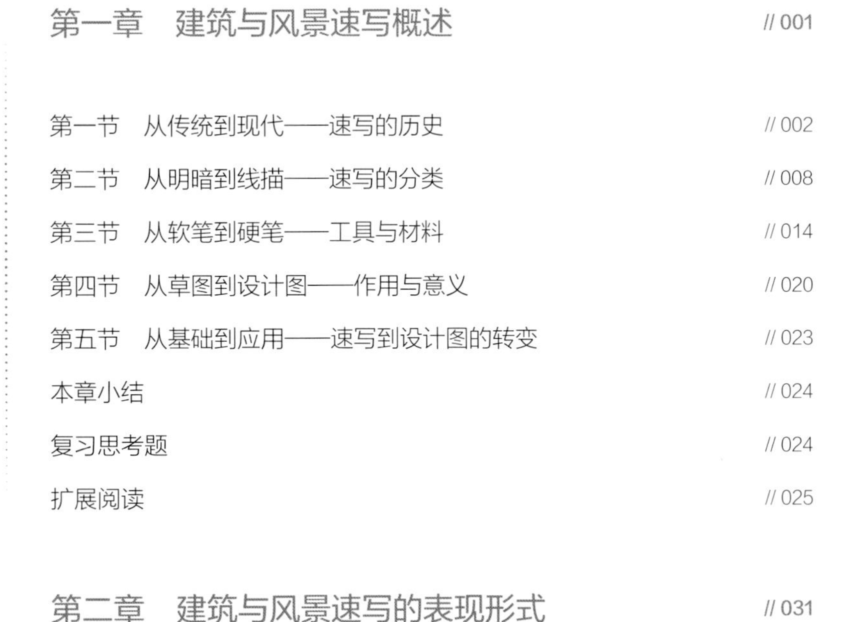

第四章　植物与人物速写专项 // 087

第五章　山石与水景速写专项 // 109

第六章　铺地与环境小品速写专项 // 131

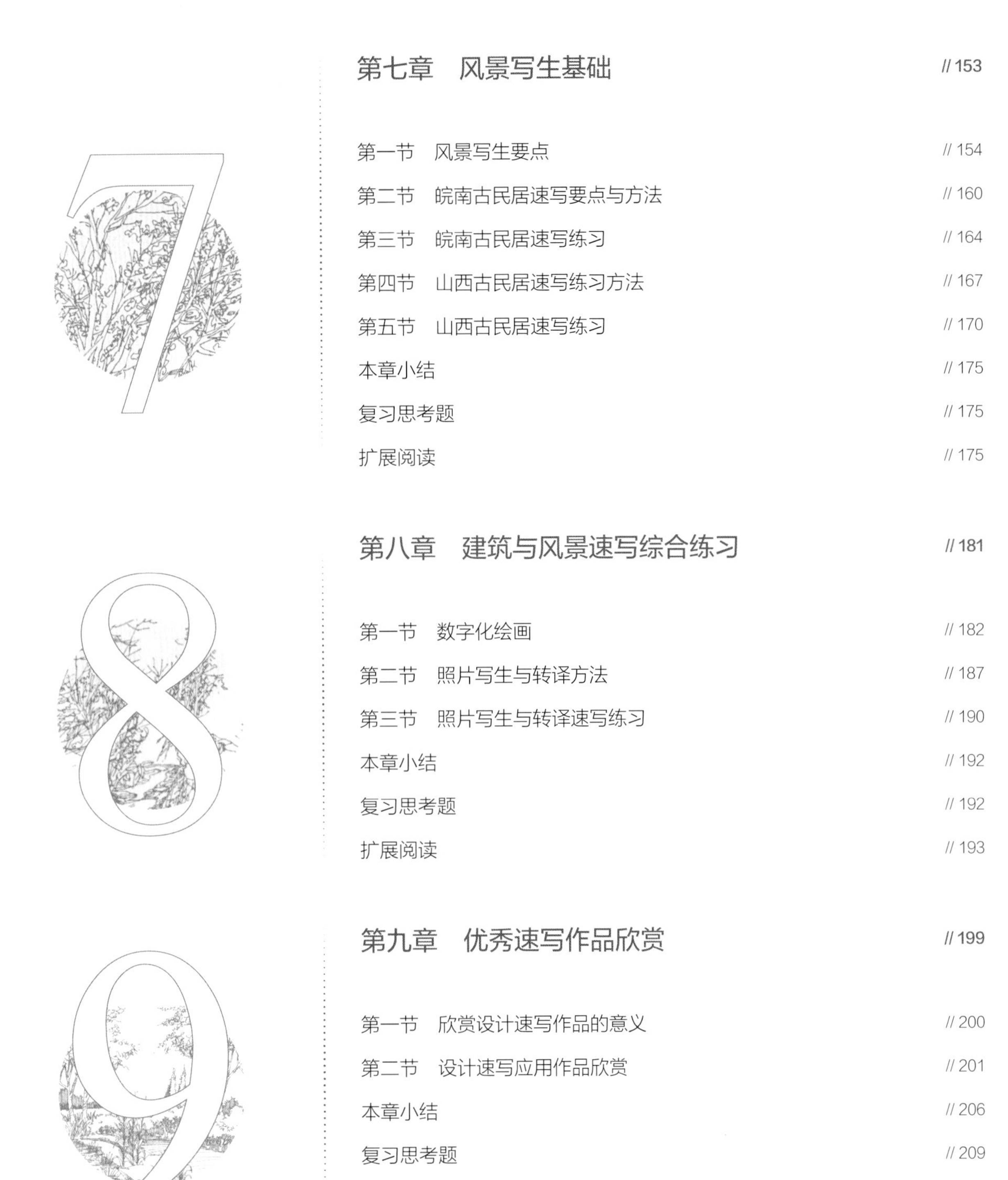

建筑与风景速写
JIANZHU YU FENGJING SUXIE

第一章 建筑与风景速写概述

◈ **学习目标**

学习建筑与风景速写，首先要学习速写的概念与用途，知晓速写各种表现手法的分类，了解各种绘画工具、各个绘画步骤及其作用，并理解如何将速写转化为设计图。在学习时要不断观察思考，提高自己的观察力与审美能力，形成自己的速写技巧。

◈ **能力目标**

学会选择合适的速写工具，合适的工具可以让速写更加得心应手；对速写的各个步骤与作用有清晰的认知与了解，对速写各步骤进行简单的尝试练习；在具备专业基础的情况下，学会将速写转化为设计图。

◈ **知识目标**

① 掌握速写的基本理论。

② 掌握速写的基础技巧。

第一节
从传统到现代——速写的历史

速写，是一种基于视觉感受和生动印象的绘画方式，具有快捷、轻盈的特点，能够准确地记录下真实生活中的瞬间。从古至今，随着文明的演变和技术的进步，速写艺术也在不断发展和转变，从传统到现代，历经千年的风雨，经历了一系列变革。在中国，传统速写的历史可以追溯到几千年前。古代时期，速写常常是一种用简单线条和骨架来表现画面的笔法。熟练的画家可以仅凭几笔勾勒出一个形象的轮廓和姿态，让人惊叹不已。在欧洲，速写的历史则可以追溯到文艺复兴时期，它往往被用作画家们的草稿，记录和捕捉瞬间的灵感。然而，随着时间的推移和社会的变迁，传统速写也正在经历一系列的变革。现代速写，不再是传统意义上的速写，它更多地融合了绘画技术和数字科技，从而具备了更强的艺术表现力和感染力。

建筑与风景速写的历史可以追溯到中世纪时期，但真正兴起是在文艺复兴时期。它是一种快速地记录和表达建筑物、景观或自然环境特征的绘画技巧。速写艺术家往往在观察过程中直接捕捉物体的形状、空间关系和光影效果。建筑与风景速写在建筑设计、艺术创作和城市规划领域具有重要价值，随着人类对自然和人造环境的关注而发展。接下来将重点介绍其发展的关键时期，使读者了解其演变过程（如图1-1-1、图1-1-2所示）。

最早的建筑与风景速写实际上可以在古代埃及的墓室壁画和古罗马雕塑中找到（如图1-1-3、图1-1-4所示）。这些作品通常记录了建筑物、公共空间和自然景观的大致形象，由于技术和材料的局限性，这些作品可能不够精细。而在中世纪，建筑与风景速写更多地被用作宗教场所的背景，如讲坛上的装饰和绘画。此时的速写更具符号性，对透视和空间表现的探索还在发展初期。文艺复兴是艺术史上重要的里程碑，让建筑与风景速写迈入了新的时代。文艺复兴时期的艺术家如达·芬奇、米开朗琪罗和拉斐尔等开始研究透视法则，并将这些法则应用到他们的作品中。此时的速写开始更为精确地反映建筑和自然景观的细节、比例与空间关系。

文艺复兴时期，由于画家对古典建筑的追溯和对透视法的研究，建筑与风景速写在当时变得尤为流行。如乔托、达·芬奇、弗拉·安德烈·瓦萨里等的作品包含大量的建筑与风景速写（如图1-1-5、图1-1-6所示）。透视法和观察技巧的发展使速写能客观地记录空

图1-1-1　人物速写/门采尔

图1-1-2　光影结构/达·芬奇

间与环境特征。这一时期，建筑与风景速写还成为艺术家研究光影构成的一个重要手段。文艺复兴时期的人文主义深刻地影响了欧洲文化界的思维方式和价值观念，此时的欧洲充满着关于艺术、科学、文化的探究和创新。文艺复兴艺术形式中人物画和抽象绘画都是典型的例子。文艺复兴艺术的基础在于画家对于对称、比例和透视的充分理解和运用。其中达·芬奇的《蒙娜丽莎》是这个时期最为著名的作品之一，它充分展现了文艺复兴时期艺术创作的精髓（如图 1-1-7 所示）。这是欧洲历史上一个极为重要的时期，它标志着欧洲的艺术、文化、思想和科学的高度发展和进步，深刻地影响了世界文化和文明的发展进程。

图1-1-3　古埃及壁画

图1-1-4　古罗马雕塑

图1-1-5 《六天使拱卫圣母子》(局部)/乔托

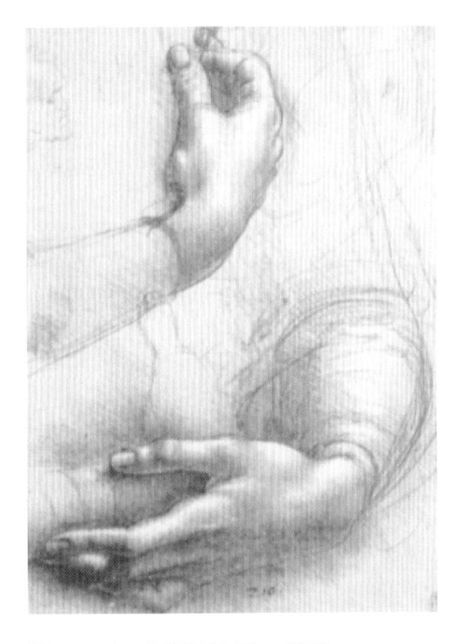

图1-1-6　素描手稿/达·芬奇

图1-1-7 《蒙娜丽莎》/达·芬奇

文艺复兴是欧洲历史上一个重要的时期，14 世纪末至 16 世纪的欧洲出现了一批卓越的艺术家和思想家，他们极大地影响了欧洲文化和文明的发展进程。这个时期欧洲的艺术和文化得到了极大的发扬和普及。文艺复兴时期的意大利有许多杰出代表，包括绘画领域的达·芬奇，文学、语言学领域的但丁和彩画大师拉斐尔，他们以独特的方式表现了欧洲的美丽和卓越。

德国文艺复兴大师丢勒的建筑铜版画与其钢笔画风格一致，展现了他严谨认真、精深入微的画风（如图 1-1-8、图 1-1-9 所示）。17~18 世纪是欧洲艺术的黄金时期，被称为“古典主义时期”。这个时期的艺术家强调有秩序、合理、匀称的美感；画家注重审美主义的表现，他们认为艺术应该能提高人们的品位，在生活中体现出高尚、优雅、精致的美感。在这个时期，欧洲形成了今人常用的建筑透视绘图方法，杰出的荷兰画家伦勃朗所画的大量建筑与风景速写稿中，熟练潇洒地使用纵横交错的钢笔排线来表现建筑风景的明暗层次，并使用钢笔线条与毛笔水墨渲染相结合的方法，使画面结构统一于整体的黑白节奏之中，成为学习钢笔速写的经典范例（如图 1-1-10 所示）。

图 1-1-8 《贤士的崇拜》/丢勒

图 1-1-9　建筑钢笔画/丢勒

图 1-1-10　建筑与风景速写/伦勃朗

文艺复兴时期非常重要的一个画派就是风景画派，主要描绘了欧洲的风景和公园等（如图 1-1-11 所示），速写并不是直接描绘景色，而是通过颜色、光影、线条等表现画家的想法和作品的主题。此外，静物画和肖像画也是这个时期非常流行的画种。17~18 世纪美术的发展对西方艺术史产生了深远的影响。古典主义、珍宝画、风景画等，为后世绘画奠定了艺术基石，对于现代绘画的发展具有重要意义。同时，这一时期的美术作品也反映了欧洲当时的文化背景和外交政策，是了解和研究欧洲历史文化的重要窗口。

17~18 世纪还流行旅行速写。这一时期，随着地理大发现、科技的进步和文化交流的开展，以及绘画技巧和速写材料的发展，许多艺术家开始将建筑和风景速写融入他们的作品，旅行速写随之应运而生。艺术家创作出了有异国情调、新奇景观以及带有天主教和东方建筑风格的作品。这一时期著名的速写绘画大师包括科罗、瓜尔迪和托马斯·希尔等（如图 1-1-12~图 1-1-14 所示）。17~18 世纪，建筑与风景速写的审美意义发生巨大变革，速写从单纯的艺术研究手段转变为独立的艺术门类。意大利画家卡纳莱托的风景画和法国画家克劳德·洛兰的牧歌风景画等作品充分展示了建筑与风景速写的审美价值（如图 1-1-15、图 1-1-16 所示）。同一历史时期，建筑与风景速写在风格和技巧上逐渐呈现出多样性和地域特色。

图 1-1-11　欧洲风景画派速写

图 1-1-12
风景画/科罗

图1-1-13 建筑风景画/瓜尔迪

图1-1-14 风景画/托马斯·希尔

图1-1-15 风景画/卡纳莱托

图1-1-16 牧歌风景画/克劳德·洛兰

19世纪的速写繁荣发展，受印象派影响较大，在印象主义时期，艺术家开始尝试记录光线和大气效果对风景和建筑的影响。莫奈、赫尔曼·斯特鲁克等印象派画家渲染出了许多富有诗意的建筑与风景速写画（如图1-1-17、图1-1-18所示）。同时，摄影技术的发明也对速写产生了重大影响，为艺术家提供了新的创作灵感。19~20世纪，随着城市化与全球化的发展，建筑与风景速写继续发展壮大。印象派画家如莫奈、塞尚等以他们敏锐的观察力在画布上描绘出充满光影变幻的建筑场景（如图1-1-19、图1-1-20所示）。同时，一些现代建筑师兼画家如弗兰克·劳埃德·赖特、勒·柯布西耶等在他们的画作中充分运用速写技巧，捕捉设计思路。时至今日，建筑与风景速写已成为描绘城市景观、自然环境和人文空间的重要表现手法。在数字化和虚拟现实时代，传统的速写技巧与现代技术结合，为建筑与风景速写的发展提供了全新的可能。

图1-1-17　风景画/莫奈

图1-1-18　风景速写/赫尔曼 · 斯特鲁克

图1-1-19
光影变化/莫奈

图1-1-20
光影变化/塞尚

从欧洲文艺复兴至今，各国绘画大师都留下了大量建筑与风景速写的传世杰作，早期的欧洲建筑画不是用于建筑设计的，而是作为一种记录或设计思想的源泉，它的功能类似今天景观设计师、建筑设计师的随身速写（如图1-1-21、图1-1-22所示）。文艺复兴时期，画家采用了真正的建筑透视画法，很多著名的画家都用钢笔、铅笔或炭笔绘制他们的创作稿和素材稿，留下了很多经典之作，许多建筑画本身都被作为艺术品收藏。

图1-1-21　西藏组画（一）/陈丹青

图1-1-22　西藏组画（二）/陈丹青

到了现代，建筑与风景速写得到了更广泛的应用和发展。许多设计师、建筑师和艺术家在创作过程中使用它来表达观点、传达情感和记录生活。在当代艺术领域，速写不再仅限于实际生活场景，也开始涉及抽象、概念和非现实主义表达。

总体来说，建筑与风景速写的历史反映了文化变迁、审美观念和艺术手段的演进。从文艺复兴时期的透视法研究到现代速写的多样化探索，建筑与风景速写不仅拓宽了艺术的发展领域，还为城市规划和建筑设计提供了独特的视角与实践方式。建筑与风景速写不仅是记录建筑和自然景观的手段，还成为时间的见证人和艺术史的承载者。它们颇具教育意义，逐渐成为世界各地艺术家和研究者共同关注的对象。

现代速写艺术家可以使用各种数码设备如平板电脑、笔记本电脑、绘图板等，在电子媒介上进行速写创作，而且创作成果可以方便地储存、修改和分享，效率和便利性极高。除此之外，现代速写也成为各种庆典活动、顶级赛事和时装秀的焦点之一。速写艺术家迅速捕捉比赛现场和时装秀场中的各种细节，并记录下这些视觉印象。这些作品不仅具有艺术价值，而且可以方便地成为在线商店、广告杂志和草图册的插图。从传统到现代，速写艺术伴随着时代的变迁而不断发展和改变。虽然它的形态和创作方式不断发生变革，但是其所代表的对美的追求和对生活瞬间的记录、表达和传承，始终未曾改变。

第二节
从明暗到线描——速写的分类

“明暗”和“线描”是绘画中的两种基本表现方式，而“速写”则是指快速记录观察到的形态与效果的绘画方式。下面将分别介绍明暗、线描和速写的分类及各自的特点。

一、明暗的分类及特点

1. 平面明暗

平面明暗是表示形体的明暗效果时，只利用黑白两种色调进行表现，形式简洁，起源于中国绘画的水墨技法。

2. 立体明暗

立体明暗通过增加画面的立体感，利用黑白灰三种色调来表现形体的明暗效果，强调光影的变化。

3. 厚涂明暗

厚涂明暗是利用厚重的涂料和明暗对比来表现形体，适用于油画等艺术形式。

三种明暗表现如图1-2-1所示。

(a) 平面明暗

(b) 立体明暗　(c) 厚涂明暗

图1-2-1　明暗表现

二、线描的分类及特点

1. 笔画线描

笔画线描是使用笔画描绘物体轮廓和形式，以及相互之间的关系。总体特点为独具匠心，表现鲜明、简练，线条明快有力。

2. 钩线线描

钩线线描是在笔画线描的基础上，加上了一些扭曲的钩线，以表现物体表面的质感和纹理。

3. 墨线线描

墨线线描是描绘物体时，使用水墨画的线条进行表现。墨线线描的特点为清新脱俗、妙笔成趣、姿态潇洒。

三种线描如图1-2-2所示。

(a) 笔画线描（刘继卣白描）　(b) 钩线线描（叶浅予人物线描）　(c) 墨线线描（北宋李公麟人物线描）

图1-2-2　三种线描

三、速写的分类及特点

1. 写生速写

以自然景物、人物、物品等为主题的绘画方式，可在短时间内快速完成作品，为传统写生的一种形式，进行重复练习可提高画家的绘画能力（如图1-2-3所示）。

2. 情感速写

情感速写是根据自己的感受和情感，迅速地创作一些简单的形象或想象，表达出丰富的哲理和情感（如图1-2-4所示）。

图1-2-3
逸居山息/钱筠

图1-2-4
秋水岸居/钱筠

3. 随想速写

以“布鲁斯创造主义”的自然哲学为核心理念，利用速写记录自己的思想、情感和自我认知，是艺术家自我发现和表达的一种方式（如图 1-2-5、图 1-2-6 所示）。

虽然明暗、线描和速写分类各异，但都是绘画表现的重要手段，它们不仅具有很高的艺术价值，还可以帮助空间类专业设计师更好地掌握绘画技巧。

根据表现形式速写还可以分为明暗速写和线描速写两种。明暗速写通常运用素描的技法，通过运用光影的变化来表现画面中的立体感，描绘物体的光与影，强调物体的质感和形态，并用粗略的线条表现出物体的轮廓。这种速写形式适合描绘物体的形态、光影与质感，常用于人物肖像和静物的绘制。

图 1-2-5　场景写生 / 学生作品 / 董妍

图 1-2-6　人物速写

线描速写则主要运用线条表现画面，这种形式的速写更加简练明快，注重把物体的基本形状用线条表现出来。线条的粗细、形态、间距等因素的运用可以有效地表达物体的体积感和空间关系。这种形式适用于风景的纪实性描写、建筑线条表现、动态物体的迅速捕捉等（如图 1-2-7 所示）。

在建筑与风景速写中，建筑速写与风景速写各具特色。建筑速写在表现上更注重对建筑物的比例、透视、细节和整体框架的表现。要求画家有较高的几何素养，能够熟练掌握透视原理，具有对建筑物表面纹理的敏感性。在表现形式上，建筑速写通常采用线描的方式，通过线条来突出表现建筑物的立体感。同时，建筑速写也会加入一些明暗的处理，用来强调建筑物的形态（如图 1-2-8 所示）。

风景速写则注重表达自然环境的气息，通过绘画者对自然景色的体验和感觉，快速地记录下环境中的一些特色元素，比如树木、云朵、山峦以及城市街巷的布局、商铺等细节。在表现形式上，风景速写通常采用线描或简单的色块来表现。速写是一种非常有趣的绘画形式，可以让我们快速地练习和提高绘画技巧，同时也可以让我们更好地记录和表达周围的世界。

空间类专业速写练习主要由建筑速写和风景速写构成，同时这两种速写也是绘画中的两个重要方向，它们具有不同的特点和绘制方法。建筑速写是指手绘建筑物的绘画作品。建筑速写的重点在于表现建筑物的线条、结构和空间的关系。建筑速写需要掌握比例、透视等基本技能（如图 1-2-9 所示），以便准确地表现建筑物的高度、体积和空间感，同时也需要掌握绘画技巧，如线

图 1-2-7
线描速写 / 张永志

图 1-2-8
建筑速写 / 张永志

条刻画、明暗对比等。建筑速写常常需要对建筑物进行一定的研究和观察，以便捕捉建筑物的特点和细节。风景速写是指手绘景观的绘画作品。风景速写的重点在于表现自然环境的美感和氛围。风景速写需要掌握色彩、明暗、气氛和情感的表达，以便准确地表现景观的特点和感觉。同时也需要掌握自由流畅的线条和形态表现，以便表现自然形态和景观细节。风景速写通常需要对自然环境进行细致观察和研究，以便捕捉景色的变幻和气氛的变化。

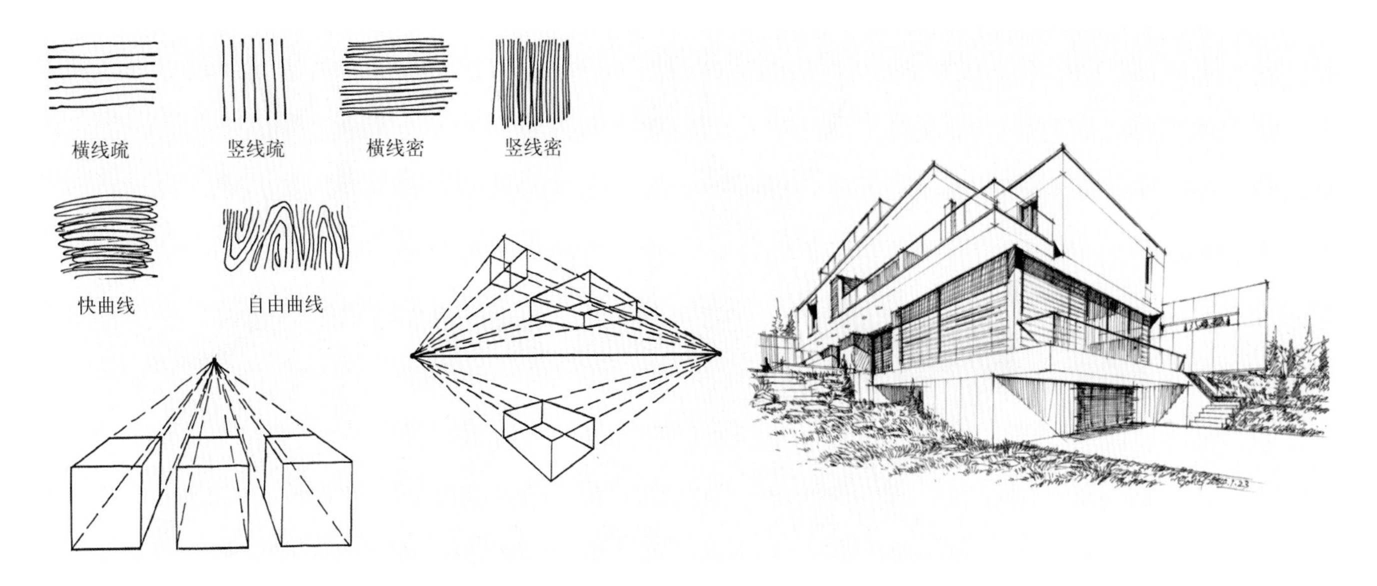

图1-2-9　线条、比例、透视

两者的绘制方法不同，建筑速写通常采用铅笔、钢笔、毛笔等线条工具进行绘制，需要准确地勾画建筑物的轮廓和线条，并进行透视处理（如图1-2-10、图1-2-11所示）。风景速写则更偏重色彩表现，通常采用水粉、水彩、马克笔等绘画工具，需要掌握色彩的冷暖变化与绘画主题呼应。同时建筑和风景的绘制方法还可以相互结合，以便充分表现建筑和自然环境的关系（如图1-2-12所示）。

图1-2-10　建筑场景速写（一）/张弢

图1-2-11　建筑场景速写（二）/张弢

图1-2-12
玉女潭水彩写生 /
学生作品 / 田颖

建筑速写和风景速写都有着自己独特的绘制方法和特点，通过勤奋的练习和研究，我们可以掌握这些技巧，创造出更加美妙的绘画作品。

第三节
从软笔到硬笔——工具与材料

一、软笔、硬笔和其他绘画材料

绘画的工具与材料方面，软笔和硬笔是两种不同类型的绘画工具，各自具有独特的特性和优势。它们和其他绘画材料一起共同构成了丰富多彩的艺术世界。

1. 软笔

软笔是一种传统的中国绘画工具，主要指毛笔。毛笔是用动物毛制成的，如兔毛、羊毛等。不同硬度、形状和尺寸的笔毛具有不同的绘画效果。毛笔的线条姿态柔韧，可以随画家的心意而变，形成独特而生动的表现形式。不同种类的毛笔具有不同的特点和用途，狼毫笔绘出的线条沉重深厚，羊毫笔绘出的图画效果平易近人，兼毫笔弹性适中，刚柔并济（如图 1-3-1 所示）。

(a) 狼毫笔　(b) 羊毫笔　(c) 兼毫笔

图1-3-1
软笔类型

软笔具有以下特点。

① 柔软。软笔具有柔软的笔尖，便于表现线条的粗细、长短。在中国画中，线条可以根据画家想要表达的意境灵活地变幻，创造富有动感的图像。

② 吸墨。软笔有较好的墨水吸收性，可以承载并释放大量的墨水和颜料。这使得画家可以在一次用笔中实现色彩的渐变和对比。

③ 适合白描画风。软笔特别适合表现墨线的质感变化，因此白描画风应运而生，在中国画中占有重要地位（如图1-3-2所示）。

图1-3-2　白描人物

2. 硬笔

硬笔主要指钢笔、圆珠笔、马克笔、铅笔等。这些笔具有硬质笔尖，可以产生均匀的线条和笔触。钢笔是一种有金属笔头的绘画工具，可以绘制出干净、整齐、漂亮的线条。它的笔尖可以卡在纸张的纤维之间描绘，使得画家可以用很细的线条表现画面细节。圆珠笔和马克笔可以用于绘制普通的手绘，或用来增强画面的颜色。而铅笔则更多地用于绘制草图和素描，因为它的笔迹具有较高的可擦性和易修改的特点（如图1-3-3所示）。

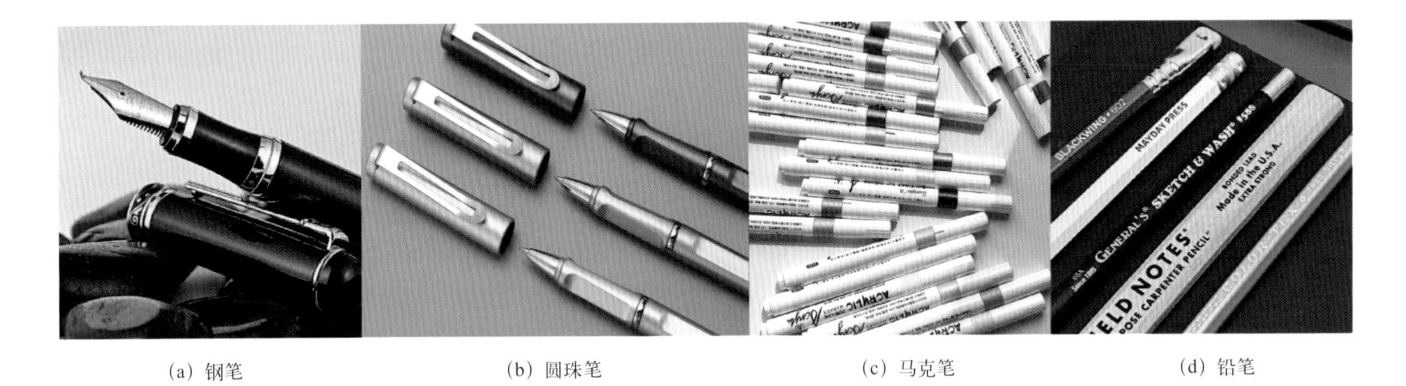

(a) 钢笔　(b) 圆珠笔　(c) 马克笔　(d) 铅笔

图1-3-3　硬笔类型

硬笔具有以下特点。

① 轻松握持。硬笔的材质多为金属或塑料，容易握持，且很少会出现笔尖变形。

② 线条稳定。硬笔具有较为稳定的线条质感，便于细致勾勒图像，尤其适用于素描和建筑绘画。

③ 可擦除性。使用铅笔等硬笔，更易于修改，因为它们的笔迹具有一定的可擦除性。

软笔和硬笔各自具有独特的特点和用途，可以根据绘画需求进行选择。同时，其他绘画材料也以其特殊的质地、融合性和艺术特征，为人们绘制作品提供了更广泛的可能性，但是适合自己的才是最好的。

3. 其他绘画材料

① 水彩和其他颜料。像水彩、丙烯颜料和油画颜料等都具有不同程度的透明度、浓度、干燥速度，为艺术家提供了丰富的表现手法。

② 画布和纸张。可以选择不同材质的画布或纸张，

如油画布、宣纸、特种纸等。这些画布和纸张的质地、吸水性、耐久性都会影响整体绘画效果。

③ 辅助工具。在绘画过程中，还可以使用各种辅助工具如调色板、画架、画笔清洗器等，为绘画过程提供便利。

其他绘画材料和色彩的明暗表现作品，如图 1-3-4～图 1-3-6 所示。

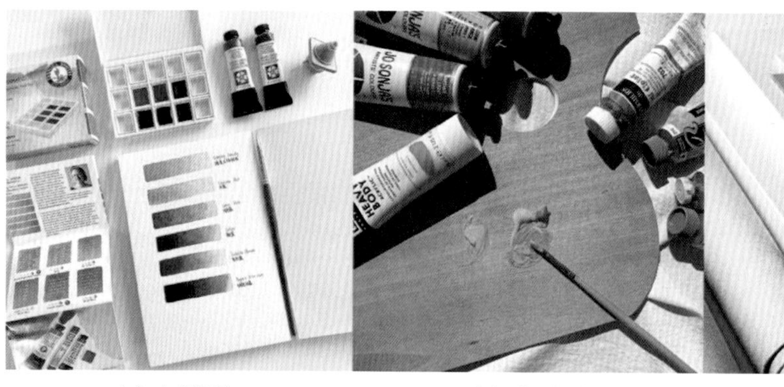

(a) 水彩颜料　(b) 油画颜料　(c) 油画布

图 1-3-4
其他绘画材料（一）

(a) 调色盘　(b) 画架　(c) 洗笔器

图 1-3-5
其他绘画材料（二）

图 1-3-6　色彩的明暗表现/学生作品/田颖

二、建筑与风景速写通常使用的工具

1. 铅笔

铅笔是绘制建筑速写的主要工具之一，它能够画出精细的线条和阴影，而且很容易擦除和修改（如图 1-3-7 所示）。通常建议使用笔芯硬度为 HB~10B 的铅笔，因为这种硬度的笔芯能够绘出深浅和清晰度适当的线条，使得速写更加细致和有深度感（如图 1-3-8 所示）。

HB 铅笔的硬度适中，可以绘制出不同宽度和深浅的线条，用于勾勒建筑的轮廓、基本结构和主体形态。同时，它也可以用来绘制一些比较轻微的阴影和细节，让速写更加真实和立体。B~6B 铅笔是比较常用的，它比 HB 铅笔更为柔软，可以画出更加明显、粗一些的线条，用于表现建筑物的深度、层次感和质感。特别是在画一些黑暗或暗调区域时，B~6B 铅笔可以用来绘制建筑物的线条和纹理，增加建筑物的视觉厚度和细节感。而10B铅笔硬度较软，可以绘制出非常深厚和浓重的线条和阴影，适用于绘制建筑物的黑暗部分和阴影细节，增强建筑物的明暗效果，使其更加具有厚重感和立体感（如图1-3-9所示）。在使用铅笔时，需要根据速写的具体要求，综合考虑线条粗细、阴影强度、构图形式等因素，选择硬度合适的铅笔和绘制手法，这样才能绘制出精美的建筑与风景速写。

2. 钢笔和毛笔

钢笔和毛笔也是绘制建筑与风景速写的常用工具。钢笔能够绘出简单、锐利、较直的线条，毛笔更适合绘制结构柔和、曲线较多的部分，如树木、植物等。它们能够协助绘制出建筑物的明暗、阴影、材质和纹理等细节。

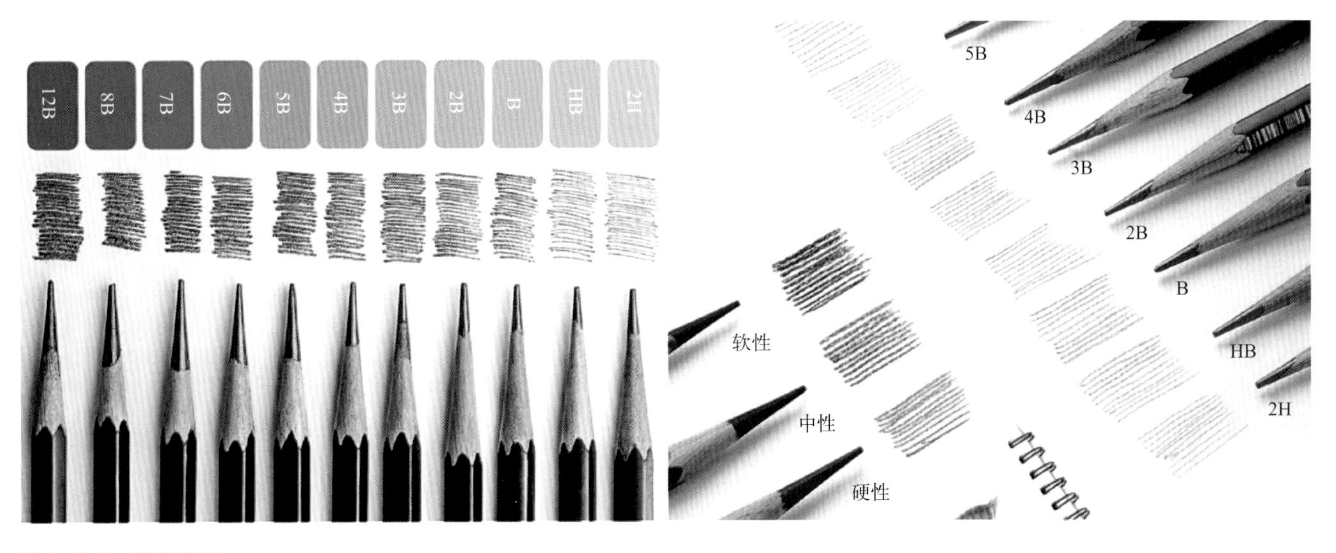

图1-3-7　铅笔类型

图1-3-8　铅笔型号

图1-3-9　铅笔软硬程度

钢笔是一种经典的艺术绘画工具，在建筑与风景速写中常常被用于勾勒建筑物、绘制细节和添加色彩。其中速写钢笔尤为适用，线条和墨水特殊的质感和手感，可以为速写增添一份古典和文艺的味道。首先，钢笔可以用来绘制建筑物和景物的轮廓和主要结构，特别是对于桥梁、拱门等结构复杂的建筑物，钢笔可以勾勒出细腻的线条，表达建筑物的立体感和质感，增强画面的感染力和韵律感。其次，钢笔可以用于绘制建筑物的细节和纹理，如门窗、砖墙、屋顶，使得建筑物更加生动，增加建筑与风景速写的丰富性和纹理感。钢笔的墨水可以和水彩笔混用，以增加图像色彩的饱和度并可渲染层次，同时钢笔的墨水也可以单独使用，通过透明度和线条的变化，表现建筑物和景物的深度、阴影效果、明暗对比等。所以，钢笔还可以将速写提高到一种特殊的艺术层次。钢笔在建筑与风景速写中的广泛应用，使得速写既有古典的特点又更加具有现代感，因此，在欣赏自然、感悟自然中用钢笔把自然记录下来的速写，是充满艺术性和表现力的作品（如图1-3-10、图1-3-11所示）。

图1-3-10 建筑速写（一）

图1-3-11
建筑速写（二）

3. 彩色铅笔和马克笔

彩色铅笔和马克笔能够帮助添加颜色，使得速写更加生动和具有视觉吸引力（如图1-3-12、图1-3-13所示）。使用彩色铅笔需要注意色彩的互相融合，避免出现颜色过于混杂、不和谐。彩色铅笔和马克笔都是常用的建筑速写工具，它们也可以在建筑风景速写中发挥重要作用。彩色铅笔可以用来添加颜色和纹理，使得建筑物和景观更加生动、立体和有层次感。可以根据颜色的色相、亮度和饱和度选择彩色铅笔，而且在绘制时可以进行颜色渐变和层次渲染，以表现出物体的立体感和深度感。在绘制花草树木等细节时也可以用彩色铅笔表现出植物的细腻质感，使景观更加自然真实。马克笔则可以用来勾勒建筑物和景色的轮廓和重点，可以选择不同线条和粗细的马克笔来表现不同建筑物的风格和特点。同时，黑白色的马克笔线条常常显得干净、简洁且富有时代感，适合在速写中快速表现建筑结构的轮廓和主体形态。在建筑与风景速写中，彩色铅笔和马克笔的使用也需要灵活变通，可以根据具体情况选择合适的绘画工具和颜色，以达到最佳的绘制效果。

4. 圆规、三角板、量角器

这些工具可以帮助简化建筑物的线条和形状，且能够保持精确性，让构图和绘制更准确（如图1-3-14所示）。

图1-3-12　彩色铅笔

图1-3-13　马克笔

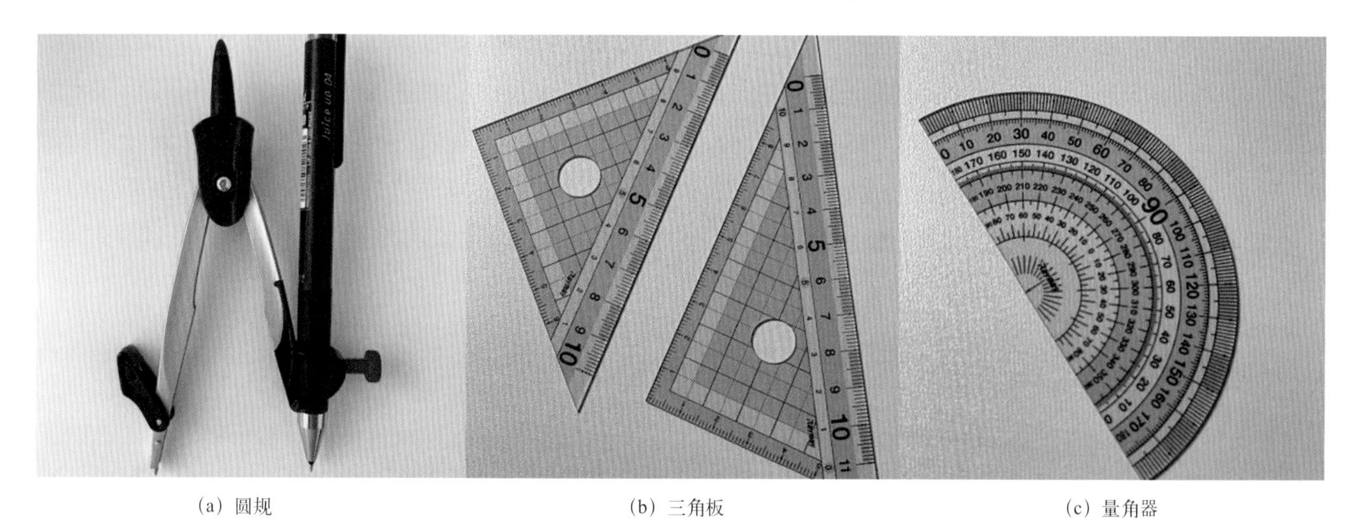

（a）圆规　（b）三角板　（c）量角器

图1-3-14　测量工具

5. 素描本或速写本

在绘制建筑与风景速写时，素描本或速写本是非常重要的。这些本子具有较好的吸墨性和表面特性，使得钢笔、铅笔等绘制出的线条和颜色在上面的表现更为逼真（如图1-3-15所示）。此外，它们的封面和尺寸也有多种选择，可以根据个人喜好和需要购买。

图1-3-15　速写本

速写本是一种非常适合用于建筑与风景速写的绘画工具，因为它具有小巧、易携带等特点。在风景变幻莫测的自然原野或城市街头，绘制者可自由随心地挥洒笔墨，方便在户外进行创作。速写本是记录现场风光的重要工具，它可以记录下风景的变化、自然光影的移动以及行人车辆的川流不息，用艺术的形式留下绘制者对自然和人文的深深感受。当然，速写本的画面也可以控制，体现出绘制者对自然景观及城市风光的主观感受，构建自己的视觉世界和表现语言。速写本也是绘制者进行构图和实验的载体，因为它的篇幅有限，可以促使绘制者更加追求简洁、生动、有力的图像表现，同时也便于尝试不同的画法、色彩和线条等绘画技巧，进一步提升速写水平。速写本在建筑与风景速写中的应用是非常广泛的，便携是它最大的特点，也可以促使绘制者真正了解和思考自然和建筑风光，提升自己的艺术水准，并把美好永久地留在心中。

每种绘画工具都有其特殊的用途和优势，绘制者需要根据自己的需求，选择适合自己的绘画工具，以便更加方便和灵活地达到速写的目的。

第四节
从草图到设计图——作用与意义

从草图到设计图是一个逐渐深入、不断完善的过程。草图是建筑设计、景观设计、室内设计、规划设计中经常使用的表现形式之一，它通常是一种初步的绘画形式，在设计的初期阶段由设计师或艺术家用手绘或电子制图软件完成。设计过程中，草图往往作为激发创意的工具，用于记录设计师的想法、意向和概念。

随着设计的深入，草图逐渐转化为更加精心制作的设计图。设计师通过对草图的深入细化和完善，获得更加精确、更加细致和更加系统化的设计图。在这个过程中，设计师需要对建筑、室内空间、景观等各个方面进行考量，进行实用性、舒适性、美观性以及可持续性等多方面的权衡。精心制作的设计图得到客户或审查委员会的批准后，设计团队开始进一步完善设计草图并进行详细绘制。在这种情况下，草图成为解决实际设计问题的重要工具，包括尺寸与比例关系、材料选择、细节设计等。在此过程中，设计师和工程团队要在建造项目过程中达成共识，以确保项目按计划进行并达到预期结果。从草图到设计图，设计师和团队可以在每个阶段保持主动，确保项目的准确性和可持续性，并为建造成功的建筑作品提供高质量的支持。

一、从草图到设计图的五个阶段

1. 创意阶段

在创意阶段，设计师使用草图来记录初步的设计想法和概念，这些草图通常是简单的线条，并且没有细节。

2. 设计阶段

在设计阶段，设计师将草图转化为更加具体、精细和系统化的设计图，并考虑更多的细节和技术方面的问题。设计师使用计算机辅助设计相关软件，如CAD、SU、3D、LU、D5等建模与渲染软件，以便能够更容易地修改和完善设计图（如图1-4-1所示）。

图1-4-1　计算机辅助设计相关软件

3. 评审阶段

在评审阶段，设计团队将根据客户、审查委员会或者其他相关方的反馈，对设计方案进行修改。在这个过程中，设计师会反复研究草图，进行必要的调整，以达到客户或审查委员会的要求。

4. 深化阶段

在深化阶段，设计师会专注于细节问题，如尺寸和比例关系、材料选择和细节设计等。设计师和技术人员一起努力，以确保设计方案的可实施性以及所需材料和预算的准确性。

5. 最终阶段

在最终阶段，设计师会提交给客户或工程师最终的设计方案，并将细节图纸、材料清单和施工说明交给工程师，用于最终建造。

二、草图对于建筑景观设计的意义

绘制草图是建筑景观设计的重要步骤，它可以帮助设计师在创作过程中快速捕捉灵感和构想，并把它们转化成可视化的图像。以下是草图对于建筑景观设计的几点重要意义。

1. 创意的生成和表达

草图是设计师最基本的工具之一，可以用来表达初步的设计想法和概念，并通过手工绘制的形式快速表达设计构想。

2. 设计过程的可视化

通过绘制草图，设计师的设计过程可以实现可视化，设计师可以更快速精确地预览和修改方案。绘制草图不仅可以有效加速设计过程，还提高了设计的可控性，并减少了出错率。

3. 沟通交流的工具

草图是设计团队成员之间、设计团队和客户之间沟通交流的重要工具。设计团队的成员之间借助草图交换意见，分析和讨论设计想法和方案；设计团队利用草图与客户沟通交流，确保客户和设计团队之间思路一致。

4. 提高设计过程的表现力

草图可以帮助设计师更好地传达设计意图和构想，更好地展示设计的概念和思路，通过在草图上添加动态元素，可以建立与环境和手动施工过程的联系，使得设计在画面上的表现力更强大，也更符合现实的条件。

草图对于建筑景观设计至关重要，它可以帮助设计师把自己的构想转化为视觉形象，实现全新的创意，更好地与客户沟通，加速设计的进程，为建筑景观的创作带来更多的可能性和突破。

三、绘画基本功对于绘制建筑景观设计草图的使用

绘画基本功在建筑景观设计的绘制中显得尤为重要，所谓的基本功是指绘画中的一些基本技巧，如线条、形状、色彩、明暗、构图等。这些基本功是绘制草图的基础，对于绘制建筑景观设计草图有以下几点作用。

1. 增强图像的表现力

要想让人对草图产生深刻的印象，掌握绘画基本功就尤为重要，因为它们直接决定图像质量的高低，能否表现出绘制者的设计理念。例如，线条可以表现出形状和体积的感觉，因此设计师需要控制线条的粗细和长度

来表现物体的空间感。同时，色彩运用对于景观效果的呈现也是非常重要的，设计师需要精通颜色的搭配和使用，让图像的颜色与整体的景观效果相结合，使草图变得更加生动形象。

2. 增强创意表现

很多时候，设计师的一些灵感和构想并不是凭空出现的，而是源于他们常年练习基本功过程中的积累，从而能更加准确高效地抓住自己想表达的东西。在创作草图的过程中，设计师需要精心地处理每一根线条和每一个形状，因此，深厚的绘画基本功可以帮助设计师更好地表现他们的创意，这无疑是表现自己构想的重要手段。

3. 增强景观表现的精准度和真实感

掌握绘画基本功可以帮助设计师克服困难，提高手眼协调能力，让作品的品质更高。设计师可以在草图上精确地绘制景观设计的细节，以便更好地表现设计的概念和想法，最终使想法变成现实。例如，在草图上绘制树木、花草植被、石头、水泥等建筑景观设计中常见的材料和形态，这些都需要深入的基本功训练（如图1-4-2所示）。

掌握绘画基本功是绘制景观设计草图的基础，设计师需要在表现建筑、环境气氛、文化、建筑材料、色彩、细节等方面打好基础。练习绘画基本功的过程能帮助设计师锻炼手腕和眼部协调能力，提高他们的设计技能和设计思维能力。

图1-4-2　场景速写/张永志

第五节
从基础到应用——速写到设计图的转变

速写是一种快速捕捉景物的绘画技巧，常用于初步的创作和构思，而设计图是一种更加综合和成体系的创作，需要深入考虑整体的构思和细节表现。从基础到应用，从速写到设计图，是一个逐渐深入、循序渐进的过程，转变中须掌握绘画基础、设计原则知识等。以下是设计过程中的几个阶段。

1. 从基础到应用

具备绘画基础是速写和绘制设计图的前提，基础技巧如掌握线条、色彩、形状等的绘制是速写和绘制设计图都需要的。通过反复练习，可以使绘画技巧得到显著提高，为绘制更高水平的设计图奠定基础（如图 1-5-1 所示）。

2. 从速写到设计图

速写是初步的创意和构思，也就是一个创意或想法，而设计图则需要考虑更加细节的表现和整体性。设计师需要对物体的比例、空间感和构造有更完整、更严谨的构思。在草图的基础上，设计师需要加入更多的元素，考虑实际的环境氛围和整体设计的连贯性，同时需要考虑材料的质地和颜色等因素，从而使设计更加完整、更加实用。

3. 从技术到艺术

速写和设计图对技术的要求越来越高，但真正优秀的作品应该追求艺术化，体现情感和张力。这种转变是建立在大量积累和长期练习基础上的（如图 1-5-2 所示），是设计的最终体现。

从基础到应用和从速写到设计图的转变都需要良好的基础和长期的积累，并且需要以深刻的思考和独特的创意为支撑。同时，需要不断提高自己的艺术素养，把创作变得更加鲜活且更富有创造性。这个过程需要精益求精，对设计师的要求很高，要在反复的练习和实践中，逐渐进入自然的绘画、设计，从而创作出更加出色的作品。

图 1-5-1
场景速写 / 杜音然

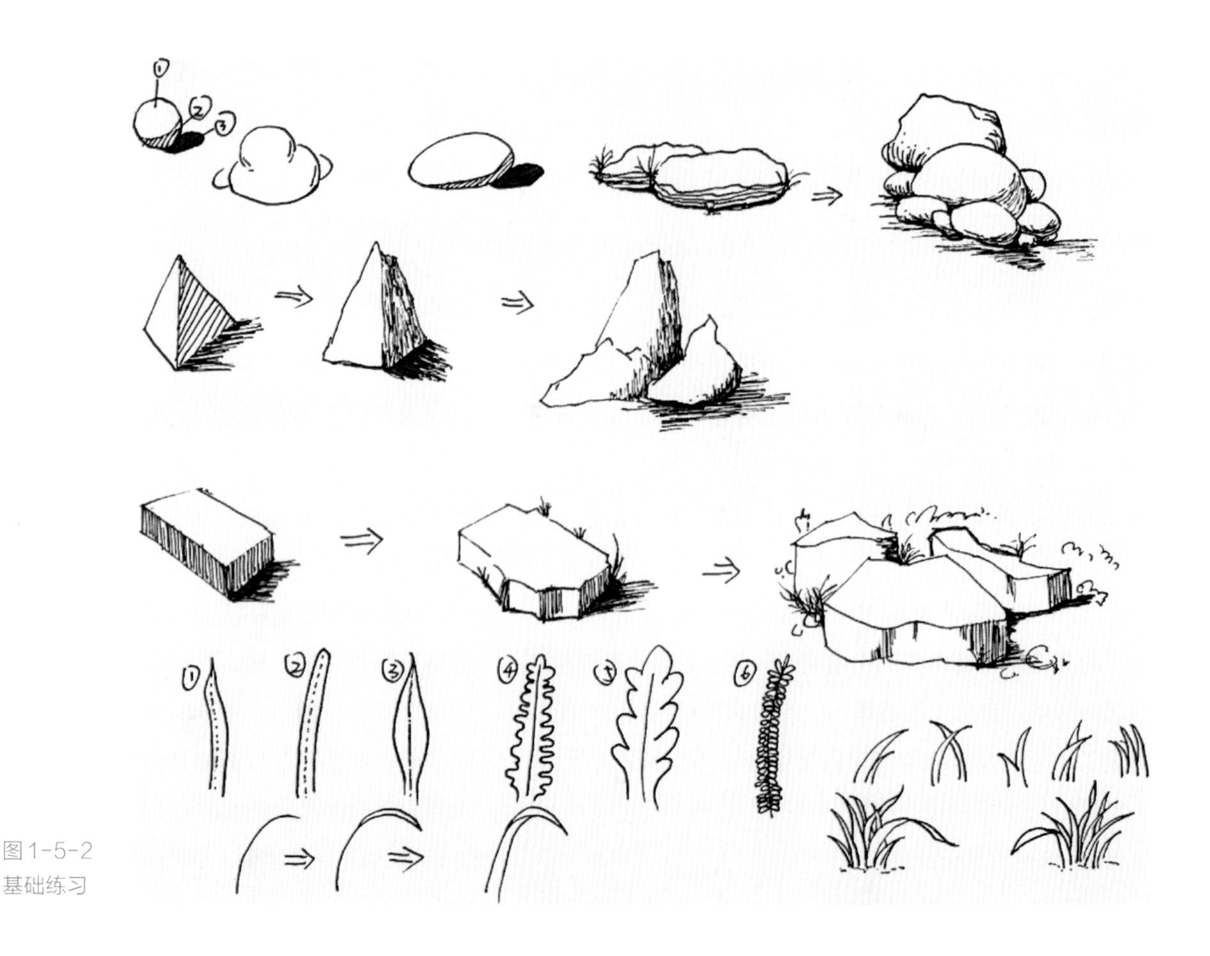

图 1-5-2
基础练习

✣ 本章小结

速写是一种重要的绘画表现形式，是绘画的基础技能，也是创作中一个极为重要的环节。下面简要总结一下建筑与风景速写的特点和技术要点。

1. 建筑速写的特点和技术要点

① 精准的线条。建筑速写需要精准的线条表现建筑物的结构、比例和细节。要善于观察建筑物中的各种线条和图案，以及光影的变化，将它们准确地表达出来。

② 透视感的表现。在建筑速写中，透视感是非常重要的。要通过透视的表现手法，精准地表现出建筑物的三维空间感，让观众能够感受到建筑物的立体感。

③ 色彩的运用。建筑物的颜色也是一个重要的表现元素。利用灰度和明暗，表现出建筑物的质感和材质，让建筑物更加鲜活、生动。

2. 风景速写的特点和技术要点

① 自然的形态。风景速写要尽可能地表现出自然的形态，如山、水、树木等，要求画面贴近自然。

② 色彩的运用。自然风景的色彩非常独特，色彩的表现是风景速写中一个非常重要的内容。画家需要运用丰富的色彩来表现风景的自然之美，让画面更加自然、更加鲜活。

③ 创意的表现。在描绘风景的同时，画家也可以融入自己的创意，表现出自己的观点和情感。可以在构图、色彩和细节上进行创意的发挥，使画作具有更加独特的视觉效果。

建筑与风景速写都需要较强的观察力和细致的表现力，同时也需要良好的色彩和构图感觉。通过速写，可以更好地表达并记录下我们所见到的建筑和风景之美，同时也可以不断提高自己的绘画技能和表达能力。

✣ 复习思考题

① 素描与速写有着怎样的关系？

② 速写的本质是什么？

③ 速写的表现形式有哪些？

✣ 扩展阅读

一、中西方绘画史

中国绘画起源于新石器时代的壁画，以线条、色彩和构图来表达思想和情感，展现了古代文明的瑰丽。西方绘画起源于古希腊和古罗马时期，注重人物形象的真实再现和透视法的运用，开创了艺术的新境界。

中国绘画以山水画和花鸟画为代表，强调意境和气韵的表现。而西方绘画则以宗教题材和肖像画为主，注重光影和立体感的塑造。在中西方绘画中，线条的运用具有直观性。中国画强调线条的流畅与韵律，以展现物象的神韵；而西方绘画则注重线条的精确与立体感，以表现物体的形态和质感。

中西方绘画中的色彩运用有着显著的差异，中国画强调的是色彩的和谐与韵味，而西方绘画则注重色彩的对比与冲击力。中国传统绘画的色彩表现手法独特，常以墨色为主，辅以淡彩，形成一种淡雅、含蓄的艺术效果。西方现代绘画在色彩运用上更为大胆和创新，通过各种颜色的组合和碰撞，形成强烈的视觉冲击力和艺术表达力。

从古代壁画到文人画，中国绘画流派经历了漫长的发展历程，每一种流派都代表了特定历史时期的艺术风格和审美观念。中国绘画流派在历史的长河中不断演变，如唐宋的山水画、元代的文人画、明清的工笔画等，反映了社会变迁和艺术创新。

古典时期的西方画派以古希腊和古罗马艺术为代表，强调对人体的准确描绘和对自然的真实再现。中世纪的西方画派受到宗教的影响，以壁画和镶嵌艺术为主，注重表达宗教信仰和道德观念。文艺复兴时期的西方画派以人文主义为核心，强调对人性的探索和对自然的观察，开创了透视学和光影技法。

中国花鸟画

西方壁画

中国山水画

《雅典学院》

二、设计案例：南京市海玥万物屋顶花园

项目主持人：张弢、刘春燕、杜音然

花园场地位于居住区顶层，竖向标高局部有变化，分析建筑方位与花园朝向，按日照角度与季节变化，结合屋顶花园设计原则进行初步总体方案设计。

场地顶层面积210.8平方米，下一级“禅意茶室”面积31.3平方米，设计红线面积为242.1平方米。

景观序列分为六幕：第一幕——石影；第二幕——玉台；第三幕——溪谷；第四幕——林谧；第五幕——云起；第六幕——流翠。分别对应禅意茶室、休闲区、水体卡座、晾晒平台、卡座休闲区、种植区。

① 创造具有吸引力的户外空间，激发人们享受户外空间的欲望。

② 内外共享，室内室外由功能变化多样的廊架连接，给室外休闲活动提供更多可能性，减少天气变化对户外活动的影响。

③ 空间处理方式有消极空间与积极空间两种手法，消极空间偏向疏散，积极空间偏向聚集。

④ 顶层空间在统一、整体、简洁、雅致的调性中有特征性的变化，凸显每个功能分区的个性。

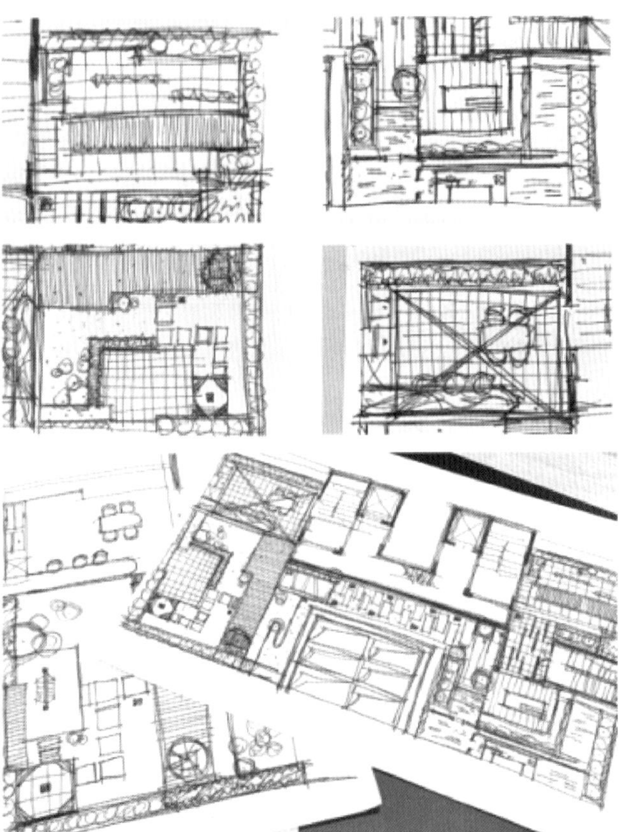

基于业主需求与设计原则的方案讨论、修改、推敲

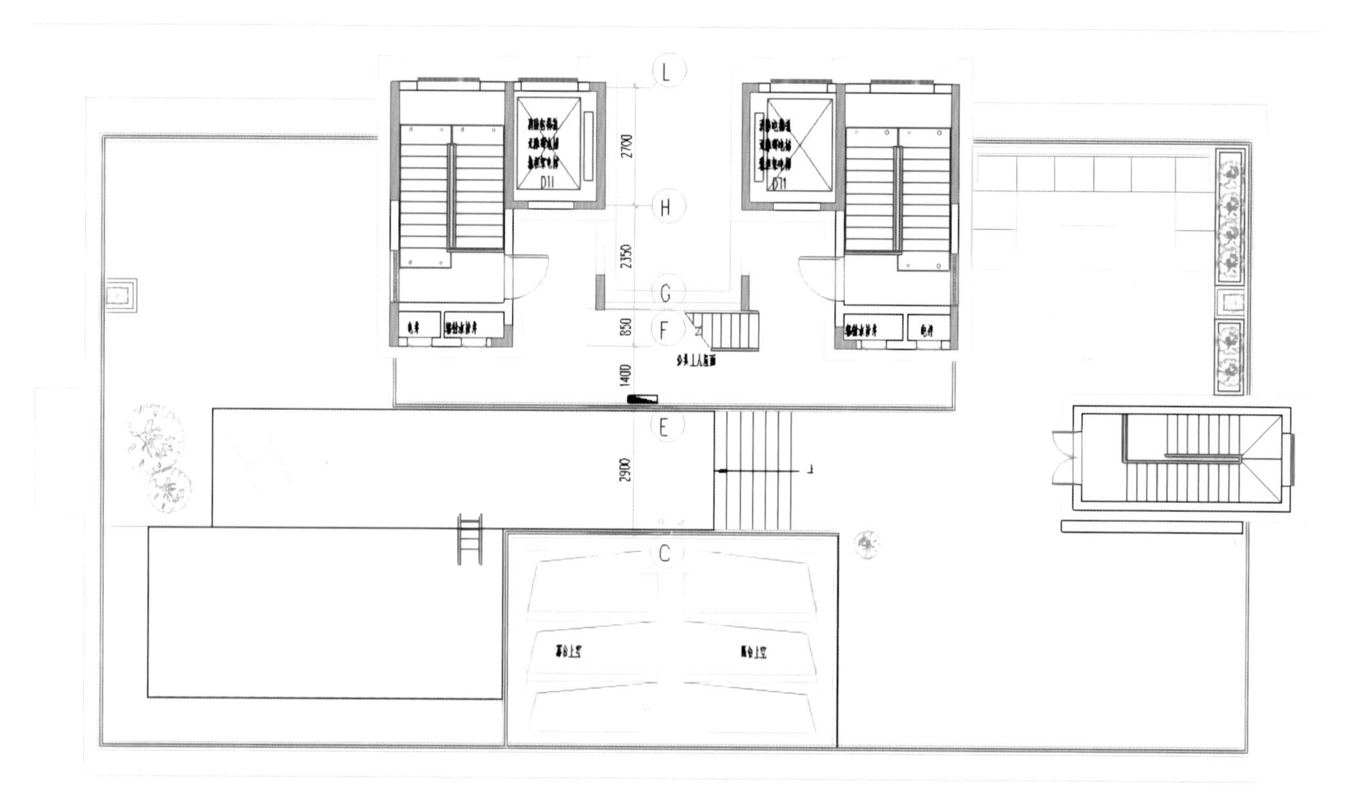

原始平面图

节点表现（一）

节点表现（二）

禅意茶室（第一幕：石影）

休闲区（第二幕：玉台）

水体卡座（第三幕：溪谷）

晾晒平台（第四幕：林谧）

卡座休闲区（第五幕：云起）

种植区（第六幕：流翠）

第二章 建筑与风景速写的表现形式

◈ **学习目标**

多样的表现形式是建筑与风景速写表现不同事物的重要基础。了解速写的各种画法和构图、光影等元素，通过一些简单的线条勾勒来寻找手感，找到适合自己的绘画方式，尝试让自己沉浸在绘画中，同时观察实际绘画的细节，了解不同绘画工具的绘画效果与手感，不断改进提高。

◈ **能力目标**

找到绘画的手感，让自己可以以一种舒适的方式进行绘画。可以绘制简单的线条，通过多次尝试，了解不同绘画工具的表现能力，与绘画工具进行磨合，形成属于自己的对建筑物的刻画方法。

◈ **知识目标**

① 了解速写的各种基本构图与技法。

② 了解多元素结合的淡彩画法。

第一节
单线画法

建筑与风景速写的单线画法是一种比较简单且非常实用的画法。它通过单一的笔画勾勒出建筑和风景的轮廓，从而表现出它们的三维空间感。下面就来详细讲解建筑与风景速写的单线画法。

1. 确定构图

在进行单线画法之前，首先要确定好待绘制的建筑或者风景的构图，包括主体结构、比例和位置关系等。可以通过摄影或者实地考察来确定构图，这样可以更好地把握画面的整体形态和色调（如图2-1-1所示）。

2. 手感练习

单线画法的绘画技巧主要是通过粗细、轻重、缩放等手法来表现线条的粗细、柔硬、远近等画面效果。因此，在正式绘制之前一定要进行手感练习，这样可以更好地掌控笔触的均匀、柔韧和力度，达到线条的精准和流畅。在手感练习过程中，可以先画一些基础的线条和图形，如立方体和球体等。需要注意的是，在勾画过程中要注意力度的变化和笔触的重心位置，以达到不同材质和效果的表现（如图2-1-2所示）。

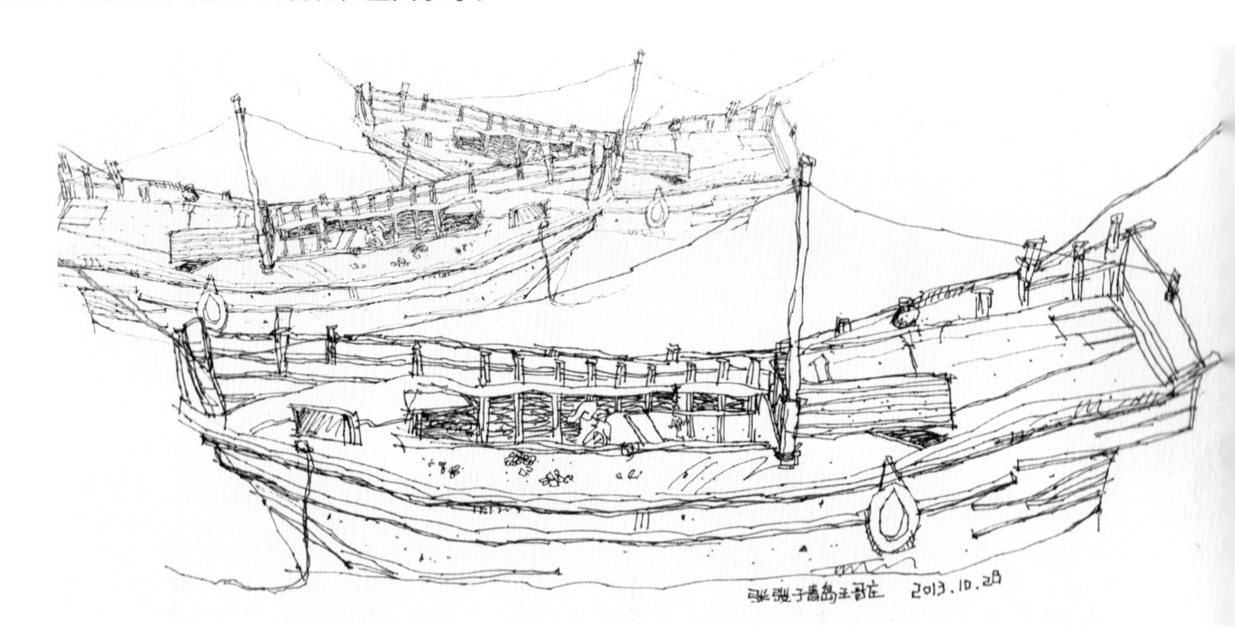

图2-1-1
渔船/张弢

图2-1-2
场景速写/张永志

3. 用简单线条勾勒建筑或者风景的轮廓

当练习了手感后，就可以开始勾勒建筑或者风景的轮廓了。这时，可以用单一的线条勾勒出建筑或者风景的轮廓，从而表现出它们的三维空间感。绘制线条时，要注意压力的变化，如加深线条就要增大压力，在画面某个部位想画出轻柔的线条就要适当减轻压力。整个画面的线条粗细、轻重和长短等都要依据实际情况进行灵活掌控（如图2-1-3所示）。

4. 添加细节

当确认基本的轮廓之后，可以根据实际的建筑或者风景加入一些细节，如细柱、屋瓦、树叶等。细节要真实、得当，不要添加不必要的元素。在绘制过程中，可以注意线条粗细、轻重和长短等的细节处理。通过加粗或缩小线条来处理地面等细节。同时，可借助不同方向的线条来强化建筑物的形态（如图2-1-4所示）。

5. 处理阴影和暗部细节

阴影与暗部细节处理是单线画法的关键步骤，能够增强建筑和风景的立体感，使画面更加逼真地表现出被绘制景物的形态和结构。在绘制阴影和暗部细节之前，要仔细观察被绘制景物的光影和深浅关系，描绘出不同部位的细节，从而形成具有立体感的画作。在处理阴影和暗部细节时，要注意线条的粗细、长短、软硬和缩放等的变化，借助细节的处理来表现景物的实际效果（如图2-1-5所示）。

建筑与风景速写的单线画法是一种简单易学、适用范围广泛的画法，可以通过练习来逐渐掌握它的基本技巧。当然，想要画出更好的单线画作品，还需要不断地学习和实践，提高自己的绘画水平。

图2-1-3
西塘街景/张弢

图2-1-4　通过线条表现细节

图2-1-5　建筑速写/杜音然

第二节
明暗光影画法

明暗光影画法是速写中非常重要的技巧之一，它可以帮助我们表现被绘制物的立体感和形态，使画面更加生动、逼真。下面详细讲一下明暗光影画法的步骤。

1. 观察与分析

在进行明暗光影的绘制前，需要仔细观察被绘制物体的光影分布及其深浅，分析光源的位置和角度，以此为基础进行绘制。观察时可以借助灯光、投影等来模拟光源，更好地理解被绘制物体的阴影和明暗分布。

2. 下笔轻重

在开始绘制明暗光影时，需要考虑线条的粗细和轻重。光影部分可以用深色粗重的线条画出，而光亮部分则用轻柔的线条画出。在处理光影时，笔触和线条的宽窄可以表现出物体的表面质感、颜色和材质。

3. 注意渐变

在绘制明暗光影过程中，还需要注意线条的渐变。渐变是指线条从粗到细，从深到浅的过程。借助渐变，可以表现出光影与明暗之间更加自然的过渡效果，从而增强画面的立体感。

4. 处理阴影

在绘制明暗光影时，阴影的处理是非常重要的。阴影可以用深色方格线、交叉线或波浪线等方式表现出来，根据光源和物体位置、角度的不同来确定阴影的形状和位置。同时还可以通过阴影的硬度或柔和程度来表现物体的材质和表面特征（如图2-2-1所示）。

5. 处理高光

处理高光时，要考虑光源的位置、角度和物体的位置关系。高光可以通过留白或绘制白色线条的方式来表现，它可以使画面形成明暗的对比，突出立体感和光线效果。

明暗光影画法是速写中非常重要的技巧之一，它可以帮助我们表现出被绘制物体的立体感和形态。要掌握这种技巧需要反复实践，并且仔细观察和分析被绘制物体的光影分布及其深浅（如图2-2-2所示）。

图2-2-1　人物速写/学生作品/宋其轩

图2-2-2　国画速写/张永志

第三节
线条和明暗结合的画法

速写中线条和明暗结合的画法是指在速写中同时使用线条和明暗表现被绘制物体的形态和结构。它将线条与明暗技巧结合，可以更加准确地表现被绘制物体的形态和立体感。以下是这种画法的详细步骤。

1. 观察和分析

在绘制速写的时候，必须观察并分析被绘制物体的形态、结构和光影的分布。通过观察和分析，可以确定物体的基本形状和轮廓，并且根据光影的分布来绘制明暗部分。

2. 使用线条表现形态

在确定了物体的基本轮廓后，可以使用线条来表现被绘制物体的形态。可以使用轻的线条勾勒出物体的基本形状，使用粗的线条来表现物体的厚度和质感。除了用线条来表现形态之外，使用线条的交叉、错落、顺序等有利于加强物体的实感。

3. 使用明暗表现物体立体感

在用线条表现形态后，可以使用明暗来表现物体的立体感。明暗可以分为两部分，即光影和阴影。光影可以用线条表现，例如使用平行线或交叉线来表现光线照射的方向和光亮度。阴影可以用交叉线或波浪线等方式来表现。

4. 结合处理

在线条和明暗的处理过程中，相互间需要结合处理。例如，在处理线条时，不能忽略光影对物体的影响，需要对光影的位置进行考虑。在处理明暗时，也需要考虑物体表面的线条、边角等特征，使用线条来表现物体的质感。这种技巧要求绘画者把握好不同物体之间的关系，并将线条和明暗合理地结合运用，使画面更加真实、生动和立体。

使用线条和明暗结合的画法，可以使绘画作品更加立体和真实，同时还能让画面更加的生动、自然和自由。这种技巧需要花费大量的时间和精力进行练习和实践，只有不断尝试和实验，才能掌握这种技巧（如图2-3-1~图2-3-3所示）。

图2-3-1
学生作品（一）

图2-3-2
学生作品（二）

图2-3-3
场景速写/张永志

第四节
钢笔和钢笔淡彩画法

速写中，钢笔和钢笔淡彩画法是比较常用的技法，钢笔对练习笔画控制和线条的细节表现有很好的作用，而钢笔淡彩可以丰富画面的表现力和层次感，以下为详细讲解。

1. 钢笔画法

钢笔画法是速写中常用的一种线条表现方式，钢笔的笔尖细长，可以画出种类丰富的细线条，适用于描绘物体的线条结构和局部细节。钢笔使用的基本技巧有以下几点。

① 用一条流畅的贯穿整张画面的线，勾勒出物体的整体外形和主要的线条结构。

② 在主线条的基础上，使用交叉、交错、短粗的线条等方式，描述物体的纹理、表面特征、边角等细节。

③ 用钢笔画线条时要注意控制笔画的粗细、长短、方向和力度，通过线条的变化来表现轻重、虚实等效果（如图2-4-1~图2-4-3所示）。

2. 钢笔淡彩画法

钢笔淡彩画法是一种同时使用线条和纯色淡彩绘制速写的技法，要求纸张要有足够的透明度，画面上颜色的变化要自然流畅。钢笔淡彩画法可

图2-4-1　场景速写（一）/张弢

以使画面有层次感，色彩表现更加丰富有立体感。具体实践时有以下技巧。

① 先用线条勾勒出构图和景物的外形，再用钢笔淡彩的方式勾勒出景物的表面纹理和明暗变化。

② 钢笔淡彩通常采用点描、素描和走线等多种方式，使画面柔和自然，体现出物体的立体感和光影变化。

③ 在色彩上要注重层次感、透明度和柔和度，注意色彩的搭配和使用，使画面色调柔和统一，不要过于刻意和不自然。

钢笔和钢笔淡彩画法是速写绘画中的常用技巧，既可以精细地表现景物的线条和细节特征，还可以使画面更加生动、丰富和立体，掌握好这些技巧需要长时间的练习和实践（如图2-4-4~图2-4-6所示）。

3. 钢笔与水彩结合的画法

钢笔和水彩是速写中经常结合使用的工具，用钢笔线条勾勒出景物的形状和轮廓，而水彩可以补充画面的色彩增强表现力，两者结合可以让画面更加生动、逼真。以下是详细的钢笔与水彩结合的画法。

（1）钢笔勾线法

先用钢笔勾画出景物的线条和轮廓，再用水彩填色。这种方法适用于需要突出景物的线条和结构的画面，钢笔的线条可以非常细腻地勾勒景物，而水彩填充的颜色可以更加自然、柔和，也可以在需要的地方增强色彩的层次感，使画面更加饱满。

（2）再涂法

先用水彩涂出某些局部的颜色，再使用钢笔描绘细节和强调线条。这种方法适用于需要突出景物的颜色和光影关系的画面，水彩可以用来表现景物的立体感，再用钢笔勾勒出细节，达到更加生动逼真的效果。

图2-4-2　场景速写（二）/张弢

图2-4-3　场景速写（三）/张弢

图2-4-4　龙柏速写手稿

图2-4-5　鹅掌楸速写手稿

图2-4-6　雪松速写手稿

（3）笔触叠加法

先用钢笔勾画出景物的线条和纹理，再使用水彩叠加颜色，增加深浅的层次感。这种方法适用于需要表现景物的质感和纹理的画面，可以用钢笔打底，帮助确定景物的基本形态和纹理，而水彩可以增强色彩的层次感和质感。

（4）混合使用法

相互交替使用钢笔和水彩，分别用钢笔勾勒线条和水彩填充颜色，交错使用，互相补充，使画面更加丰富和生动。这种方法需要掌握好钢笔线条和水彩色彩表现的平衡，以及画面的动态处理，使画面更具有变化和动感。

钢笔与水彩的结合使用在速写中非常常见，可以灵活运用各种绘画工具，根据不同的画面需要选择合适的结合方式，使画面更加有层次感和艺术感（如图2-4-7所示）。

4. 钢笔与马克笔结合的画法

速写中钢笔和马克笔结合使用，可以让创作更加丰富多彩。钢笔能够清晰地勾画出景物的线条和轮廓，马克笔则有着清晰且鲜明的色彩，两者结合使用能够让画面更加具有立体感和表现力。以下是详细的钢笔和马克

图2-4-7　水彩/学生作品/田颖

笔结合的画法。

（1）钢笔线描法

使用钢笔勾勒景物的线条和轮廓，再用马克笔涂上色彩。这种方法适用于需要突出景物线条的画面，钢笔可以勾勒出景物的外形和结构，而马克笔则可以填充和强调画面的颜色和纹理。

（2）油墨画法

用钢笔勾勒好线条和轮廓后，使用马克笔叠加黑色油墨，使画面的对比更明显。这种方法适用于要求明暗分明的画面场景，使用马克笔叠加黑色油墨能够突出画面的光影效果，让画面更加有立体感。

（3）阴影填充法

先用钢笔勾勒好景物的线条和轮廓，再用浅色马克笔为画面添加渐变的阴影色彩。这种方法适用于需要表现景物表面细节和纹理的画面，马克笔的渐变色可以更好地凸显景物的质感和立体感。

（4）差异对比法

先用钢笔勾勒好景物的线条和轮廓，再用颜色鲜艳的马克笔对画面进行补充。这种方法适用于需要表现画面动感和前景的画面，使用鲜艳的颜色，可以突出画面中的元素，让画面结构更加清晰。

钢笔和马克笔结合使用，可以让画面更加生动、有立体感，需要根据画面需求和个人风格选择合适的结合方式。同时，需要尝试使用不同的钢笔和马克笔，以获得更加多样化的表现效果（如图2-4-8、图2-4-9所示）。

5. 钢笔与水溶性彩铅结合的画法

速写中钢笔与水溶性彩铅结合使用，可以让画面呈现出不同的质感和色彩层次。钢笔勾勒出的准确线条可在形态和结构上提供参照，而彩铅可以用来填充和平衡画面的色彩和细节。以下是钢笔和水溶性彩铅结合的详细画法。

① 用钢笔确定物体的线条和轮廓，再使用水溶性彩铅协调画面的色彩和细节。这种方法适用于需要表现颜色和明暗、细节和质感的画面。钢笔可以勾勒出物体的外形和结构，而颜色和细节可以通过彩铅的层次呈现出来。

图2-4-8
场景速写（一）
/马骏

图2-4-9
场景速写（二）
/马骏

② 初步用钢笔勾勒线条后，使用水溶性彩铅涂抹鲜艳的色彩，再在彩铅颜色的基础上使用钢笔细化线条和轮廓。这种方法适用于需要突出色彩和细节的画面。涂抹鲜艳的水溶性彩铅可以瞬间给画面注入生机和色彩，而钢笔和水溶性彩铅结合使用能够让画面更加复杂和细腻。

③ 斜线描画法。先使用钢笔勾勒物体的轮廓，然后将斜线刻画到物体的内部，最后使用水溶性彩铅填充颜色。这种方法可以让画面有具体的形式感，而水溶性彩铅可以在不同的斜线上呈现出质感和光线。

④ 构建层次与立体感。先用钢笔勾画出物体的轮廓和结构，使用浅色水溶性彩铅渲染阴影，然后使用深色水溶性彩铅加深明暗，使画面更具层次和立体感。这种方法适用于需要表现物体形态和阴影的画面，利用水溶性彩铅的渐变和深浅色调，可以表现出物体的复杂质感和细节。

钢笔和水溶性彩铅结合使用可以让画面呈现出更多样的色彩和细节。需要根据画面需求和个人风格选择合适的结合方式。同时，需要尝试使用不同的钢笔和水溶性彩铅，以获得更加丰富的表现效果（如图2-4-10所示）。

6. 马克笔、水溶性彩铅结合水彩的多工具速写表现

马克笔、水溶性彩铅和水彩的多工具结合使用，可以让速写创作更加丰富和有趣。以下是详细的多工具速写画法。

（1）初步线条勾勒

使用马克笔勾勒出物体的外形和结构，确定画面的整体构图。钢笔在速写创作中是一种常用的工具，可以帮助画家快速地捕捉物体的形态和轮廓。

（2）彩铅添彩

使用水溶性彩铅填充色彩，加深画面的视觉层次。彩铅可以填充更丰富的色彩，弥补了马克笔只能勾勒出简单线条的不足。水溶性彩铅可以作为中间过渡材料，调整色彩和明暗。

（3）添加水彩

使用水彩对画面进行润色和调整。在用马克笔勾画线条，用彩铅填充颜色的基础上添加水彩，可以产生丰富的质感和光线效果。水彩的颜色渐变和柔和过度效

图2-4-10　江苏电力指挥中心/张弢

果，可以表现出物体的立体感和深度。同时水彩的透明度和分层叠加功能，可以增强画面的层次感和趣味性。

（4）细节部分

在使用水彩后，还可以再用马克笔、彩铅，加入一些细节和修饰，使画面更加完整。对于细节的表达，马克笔可以用来勾勒出物体表面的纹理和细节，彩铅可以用来表现物体的光影和阴影。这些细节可以让画面更加逼真而具有趣味性。

马克笔、水溶性彩铅和水彩的多工具结合使用可以让画面更加活泼、生动和细致。它能够提高画家的表现力和绘画技能，并能够创造出多样化的画风效果。需要根据画面需求和个人风格选择合适的多工具结合方式。同时，需要尝试使用不同的马克笔、水溶性彩铅和水彩，以获得更丰富的表现效果。

✣ 本章小结

建筑与风景速写涉及城市建筑与街道、历史性建筑、古村落、公园广场等场景。建筑与风景速写的表现形式在前文已详细介绍，概括为以下几种。

（1）机械画法

使用各种绘图工具进行勾勒，包括直尺、圆规、铅笔、彩铅等。这种方式注重准确度和精细度，适用于表现建筑物的细节和构造。

（2）水彩画法

运用水彩的颜色和水感表现出建筑和周围环境的质感和特点。水彩画法注重色彩的渐变和混合，是表现建筑风景的一种常见方式。

（3）速写游记

记录旅行中所见所闻的同时，融入手绘的美感和艺术性，形成一种类似游记的形式，内容丰富多样，可以应用于建筑风景的记录和表现。

（4）单色画法

使用单色笔或单一的水彩颜色作为整幅画的主色调，强调建筑群体的构成和体量感，突出建筑物难以捕捉的氛围特点。

（5）素描画法

使用铅笔、炭笔等黑白手绘工具，用线条勾勒出建筑物和周围环境的轮廓和结构，突出空间与体积关系。

综上所述，建筑与风景速写的表现形式较为丰富，每一种都有遵循的原则和需要注意的细节。建筑与风景速写以其快速、生动、传神的特点，被视为一个记录和表达城市风貌，表现人文与生活的重要方式。

✣ 复习思考题

① 建筑与风景速写色彩画面中黑白灰的关系可以怎样理解?

② 如何用线条表现明暗关系?

③ 怎样强化画面的效果?

✣ 扩展阅读

一、梁思成

一个东方老国的城市，在建筑上，如果完全失掉自己的艺术特性，在文化表现及观瞻方面都是大可痛心的。因这事实明显代表着我们文化衰落，至于消灭的现象。

——梁思成

梁思成（1901年4月20日~1972年1月9日），籍贯广东新会，生于日本东京，毕生致力于中国古代建筑的研究和保护，是建筑历史学家、建筑教育家和建筑师，被誉为中国近代建筑之父。他曾是中央研究院院士（1948年）、中国科学院哲学社会科学学部委员、人民英雄纪念碑兴建委员会设计处处长，参与了人民英雄纪念碑、中华人民共和国国徽等的设计。

在战争时期，梁思成用英文写成了《图像中国建筑史》。林徽因跟着他先后踏遍中国十五省二百多个县，测绘和拍摄了古建筑图纸照片两千多件，包括唐、宋、辽、金、元、明、清各代保留下来的古建筑遗物，如辽代建筑独乐寺观音阁、宝坻辽代建筑广济寺、山西辽代应县木塔等。他们用鸭舌笔和墨线等简陋的制图工具，绘制出了当时达到世界先进水准的建筑图纸，构图之精准、细节之精细、图片之精美，在今天看来，都令人惊讶不已。

梁思成的学术成就也受到国外学术界的重视，从事研究中国科学史的英国学者李约瑟说：“梁思成是研究中国建筑历史的宗师。”

梁思成曾参加人民英雄纪念碑的设计，努力探索中国建筑的创作道路，还提出文物建筑保护的理论和方法，在建筑学方面贡献突出。在清华大学创建建筑系，以严谨、勤奋的学风为中国培养了大批建筑人才。梁思成与吕彦直、刘敦桢、童寯、杨廷宝合称“建筑五宗师”。

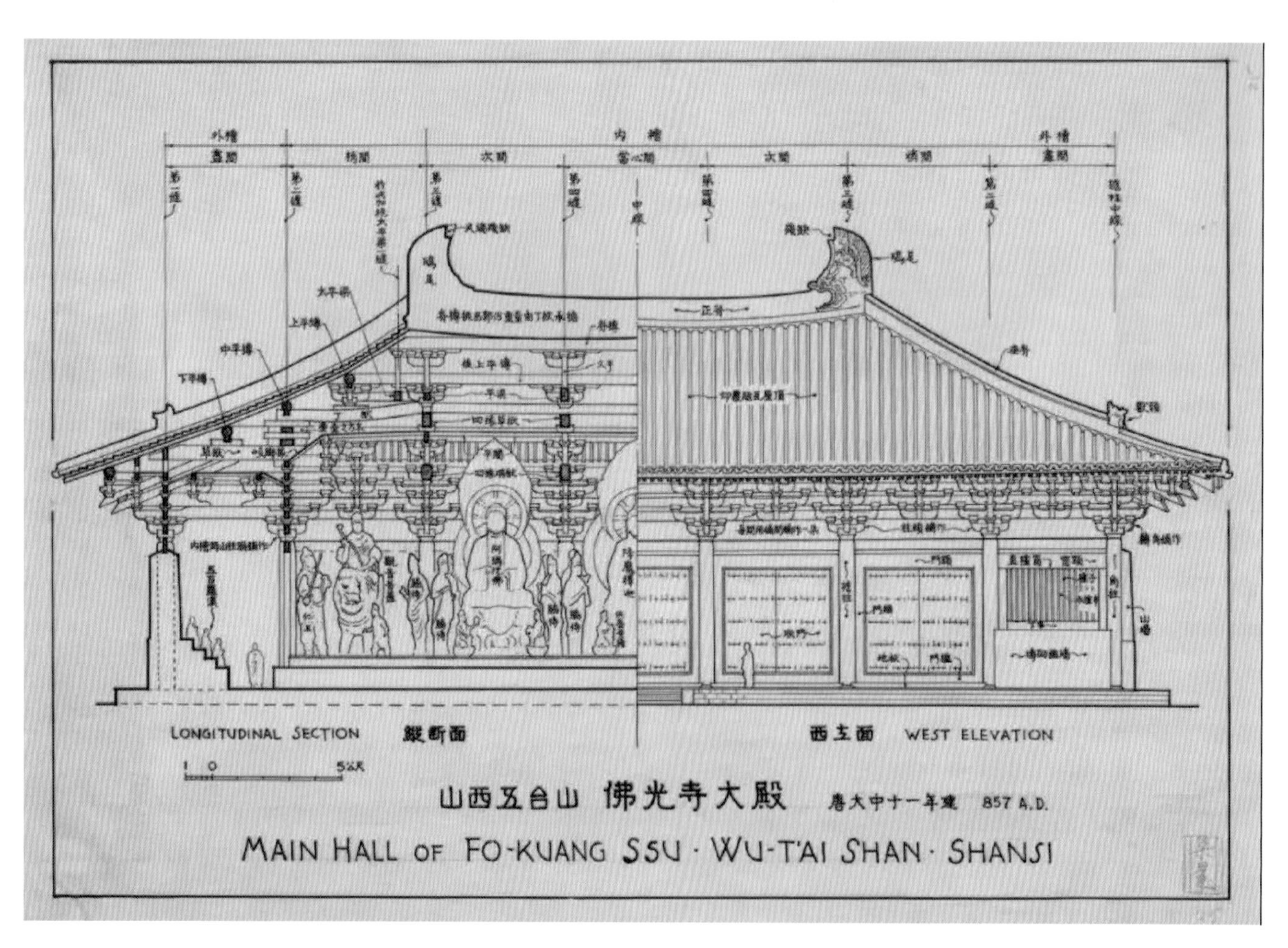

古建筑测绘图（一）

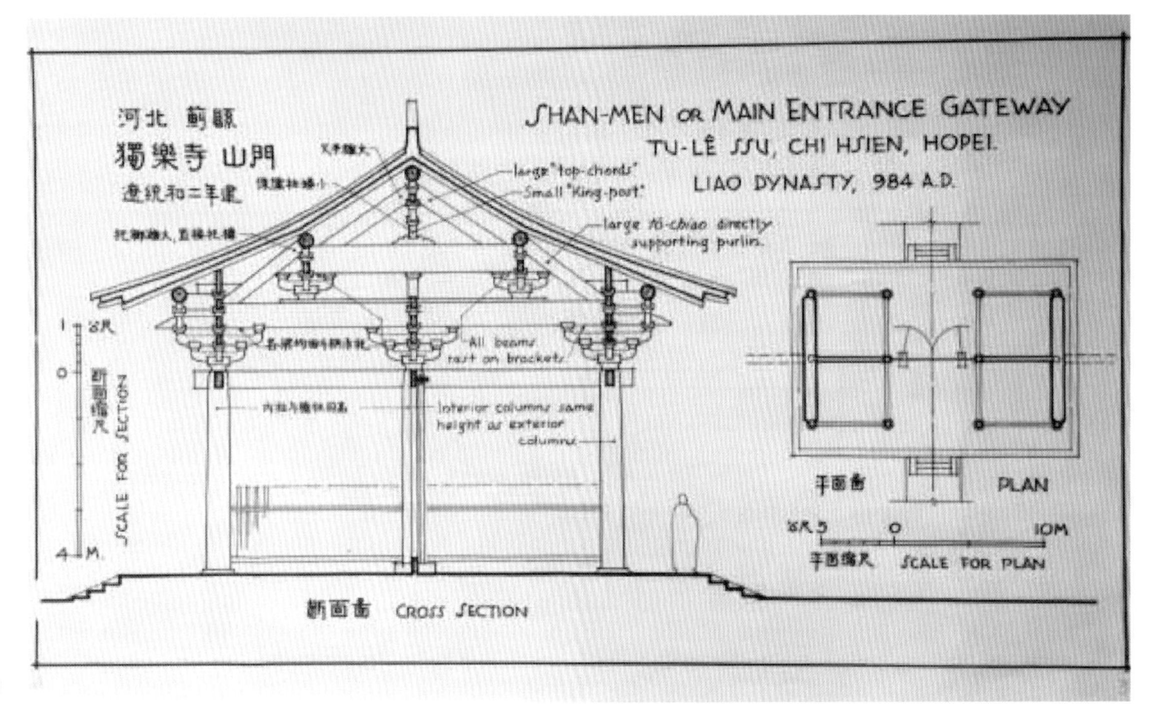

古建筑测绘图（二）

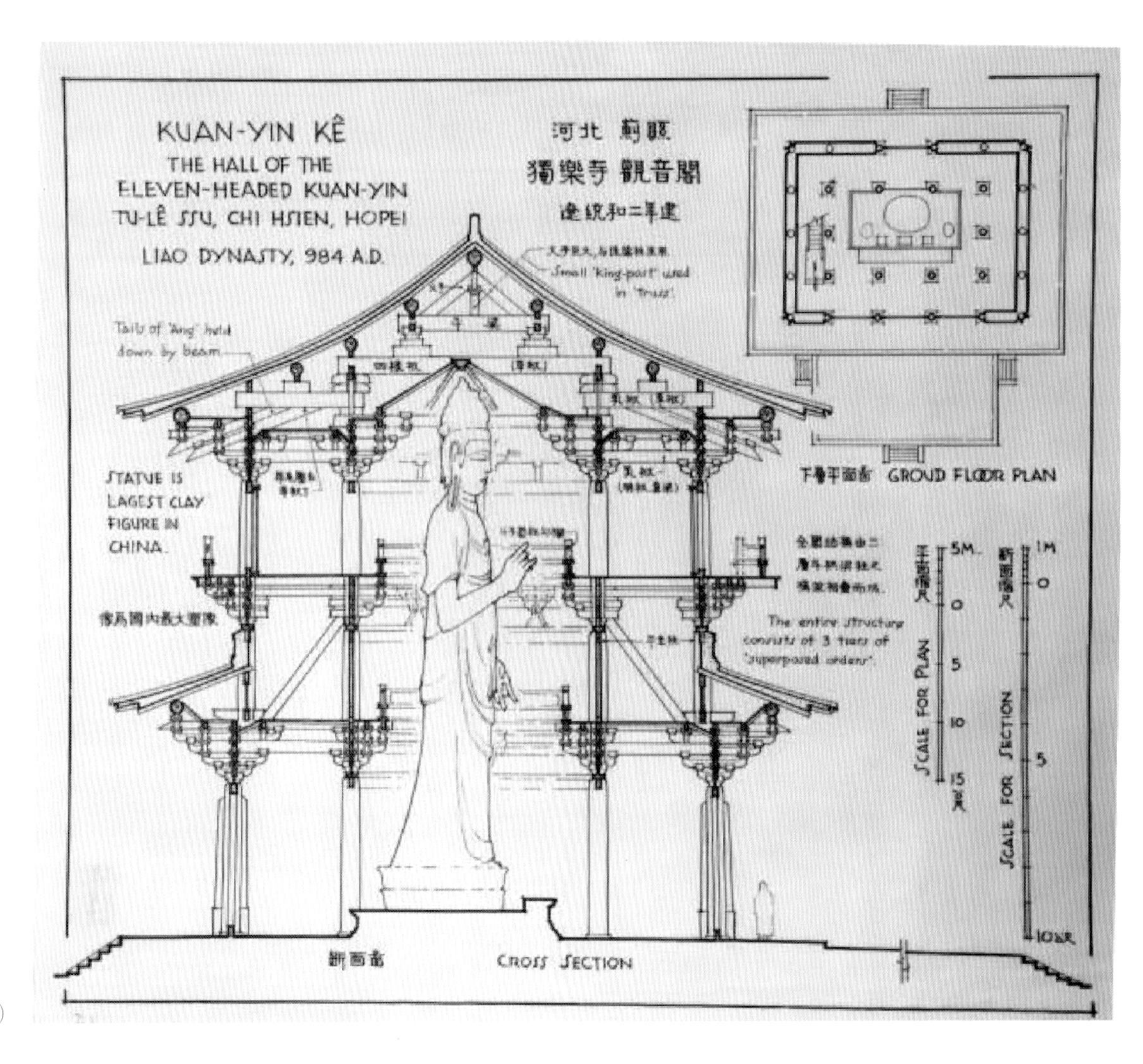

古建筑测绘图（三）

梁先生的手绘图，除了本身的精美，更重要的是记录了那些在战乱中消失的古代建筑的“肖像”。这些“肖像”是没有断绝的文脉，是中国文化的精髓，每一张、每一幅，都是杰出的艺术品，清晰地勾勒出中国古代建筑史的概要，即使在单看图纸，不看任何文字说明的情况下，也能对中国古建筑有个粗略的了解。

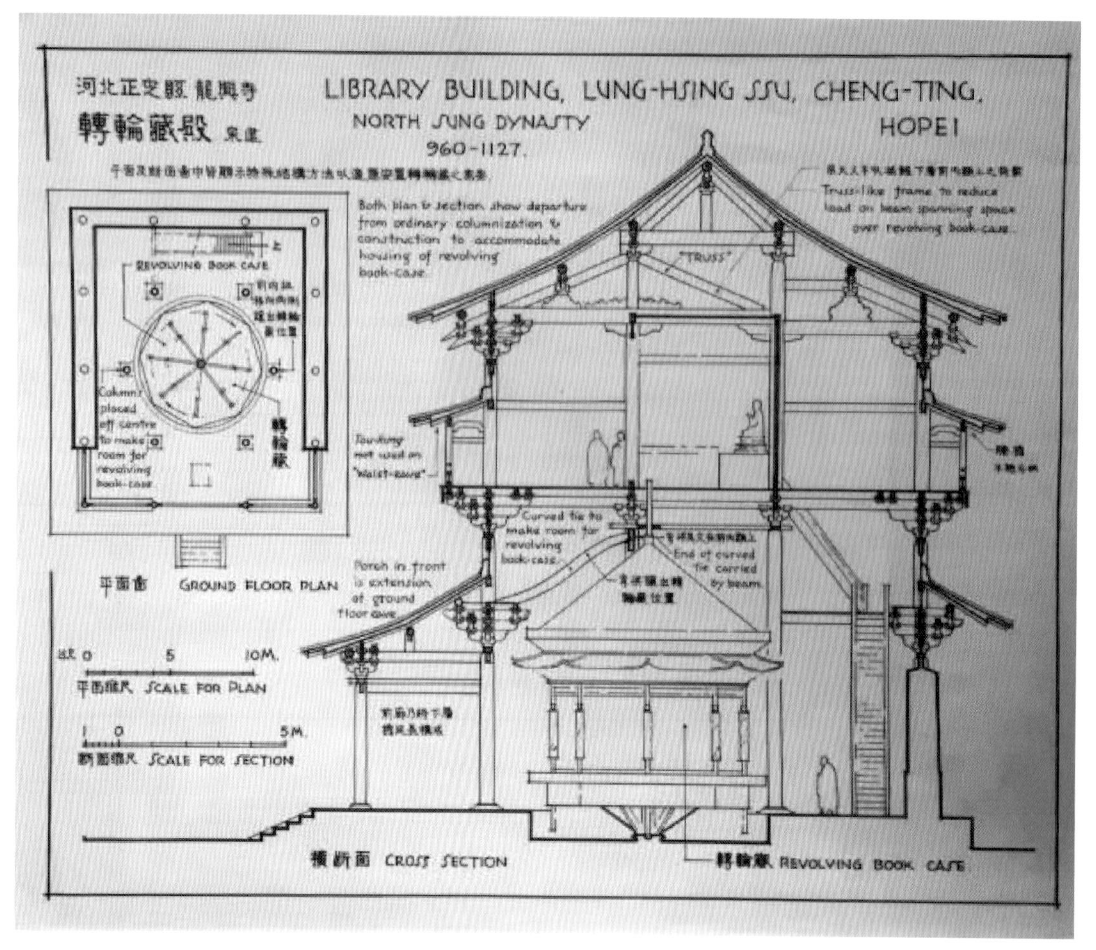

古建筑测绘图（四）

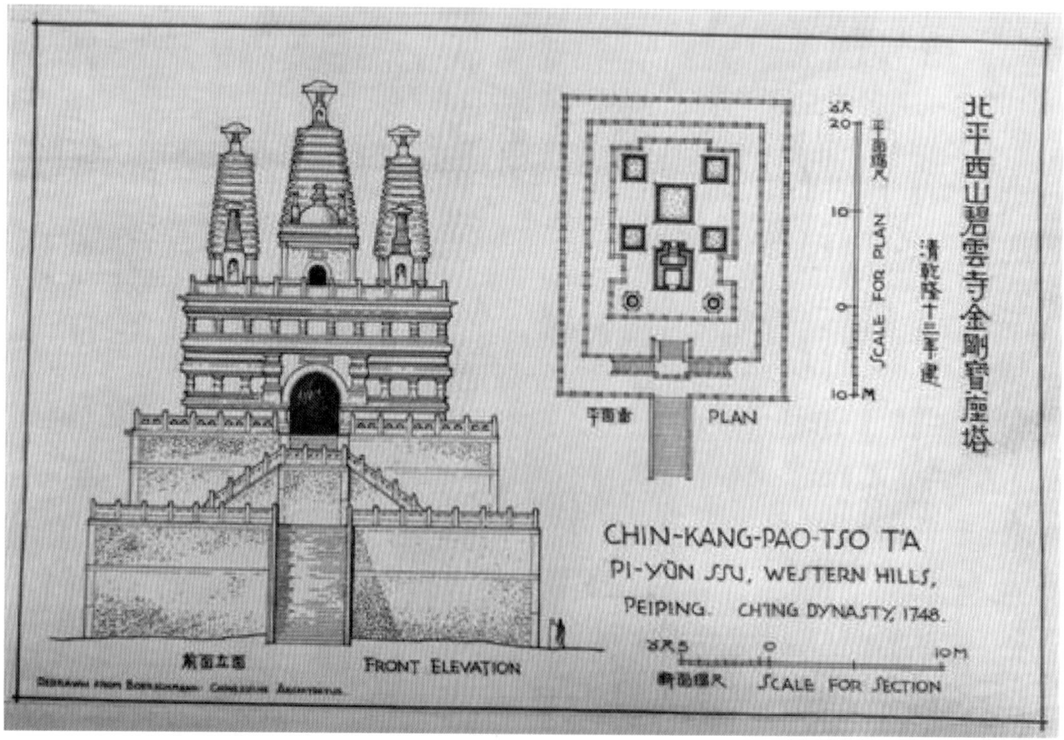

古建筑测绘图（五）

二、彭一刚

彭一刚（1932年9月3日~2022年10月23日），出生于安徽合肥，建筑专家，中国科学院院士，天津大学教授、博士生导师，天津大学建筑设计规划研究总院名誉院长。

他发表了《适合我国南方地区的小面积住宅方案探讨》《螺旋发展和风格渐近》《空间、体形和建筑形式的周期性演变》等学术论文40余篇，在国内外建筑界产生了广泛影响。彭一刚撰写的《建筑空间组合论》《中国古典园林分析》《传统村镇聚落景观分析》《创意与表现》等6部专著，获得国内外专家学者的高度评价。彭一刚设计的甲午海战馆（中国甲午战争博物馆）获国家教委（今教育部）优秀建筑一等奖、建设部（今住建部）优秀建筑二等奖、全国优秀建筑铜奖。1992年初，彭一刚被任命为国务院学位委员会第四届学科评议组成员。1989年他的名字已被美国 ABI（American Biographical Institute）收入世界名人录，1995年10月当选为中科院院士。

为了突出甲午海战纪念馆的独特个性，彭一刚以象征的手法将建筑物设计为舰船的形状，并相互穿插、撞击，从而明确地向人们昭示，这不是一幢一般性的纪念性建筑，而是与海战有关的纪念性陈列馆。

彭一刚所撰著作中的插图都是他亲手描绘的，而且配图都十分具体详细，特别珍贵，适合学习。其中《建筑空间组合论》和《中国古典园林分析》，一本是建筑学的入门之书，另一本是风景园林的入门之书，涵盖了大量基础知识，都是学习建筑与风景园林的必读书目。

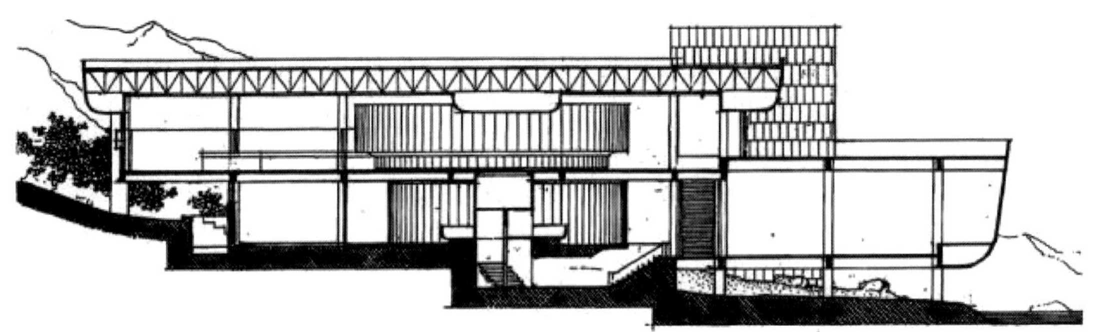

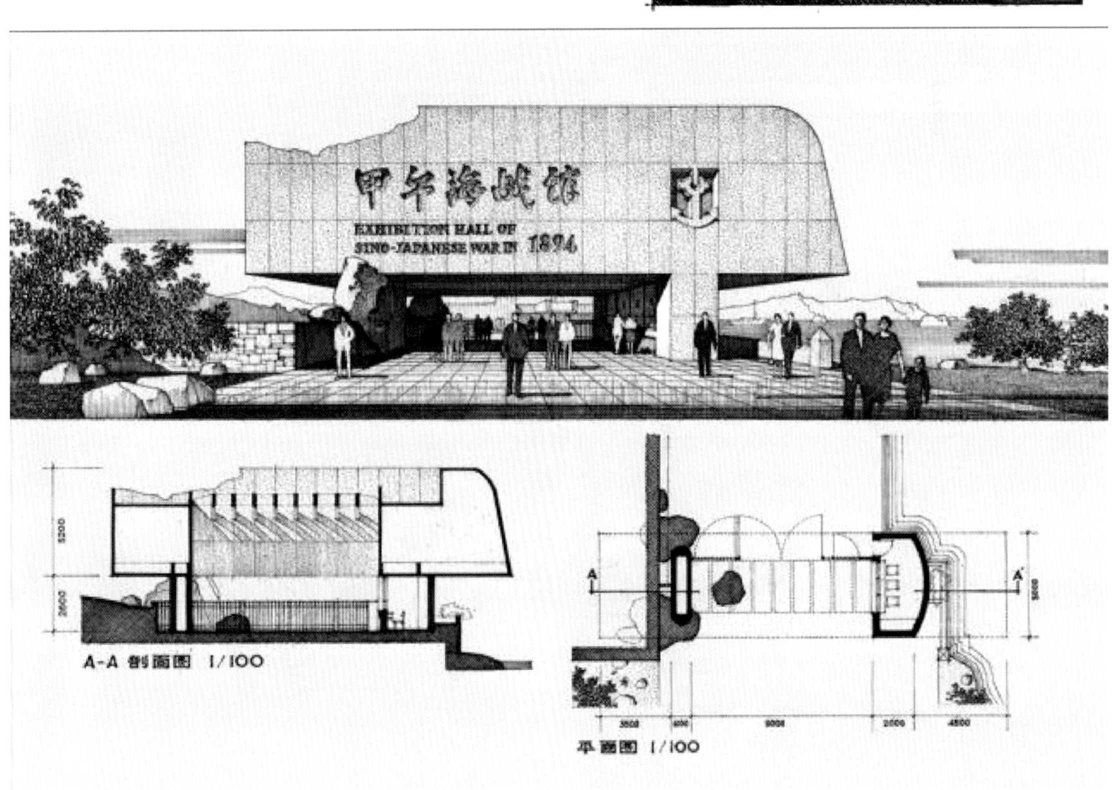

甲午海战馆设计图

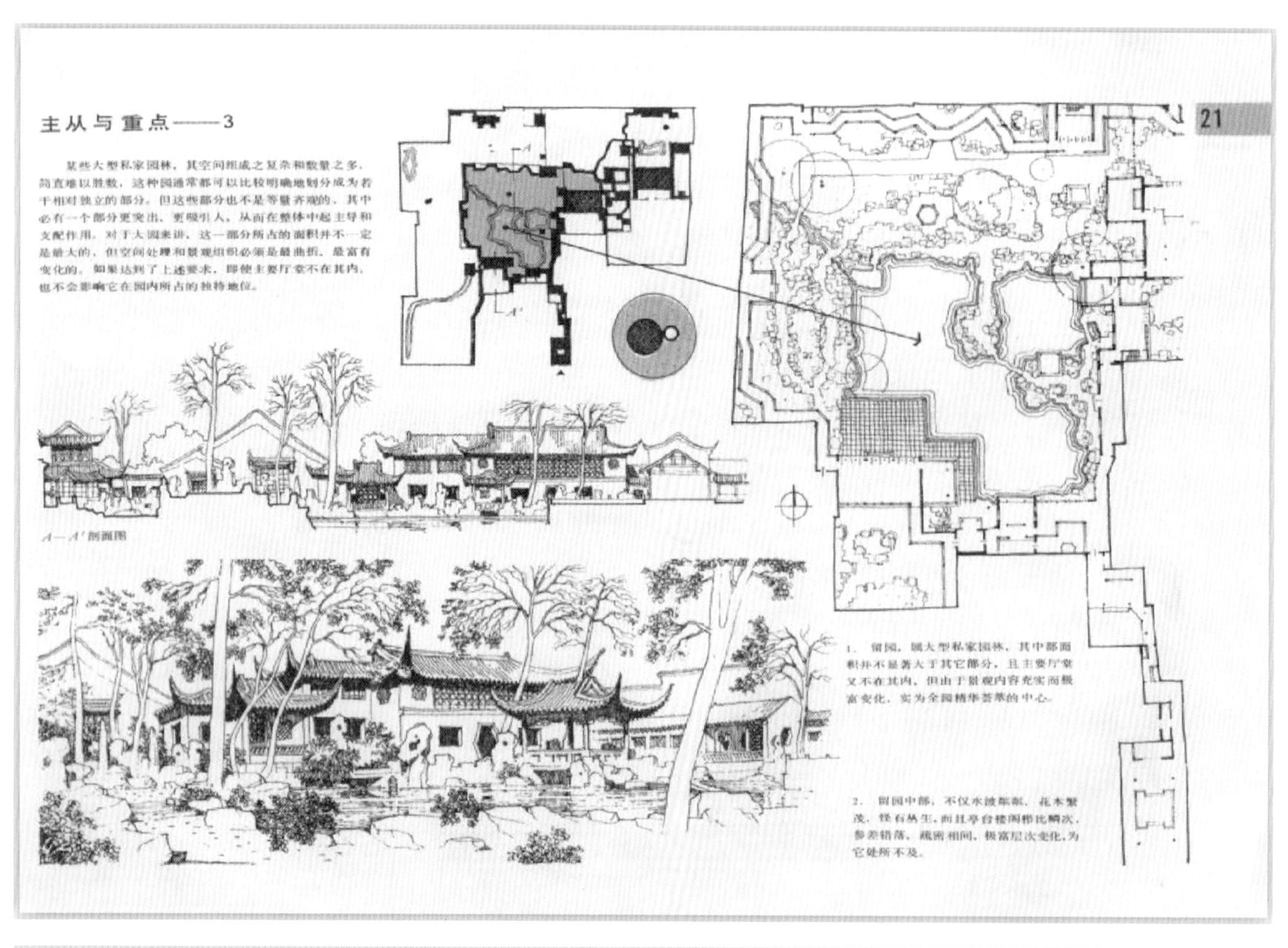

21

主从与重点——3

某些大型私家园林，其空间组成之复杂和数量之多，简直难以胜数，这种园通常都可以比较明确地划分成为若干相对独立的部分。但这些部分也不是等量齐观的，其中必有一个部分更突出，更吸引人，从而在整体中起主导和支配作用。对于大园来讲，这一部分所占的面积并不一定是最大的，但空间处理和景观组织必须是最曲折、最富有变化的。如果达到了上述要求，即使主要厅堂不在其内，也不会影响它在园内所占的独特地位。

A—A′剖面图

1．留园，属大型私家园林，其中部面积并不显著大于其它部分，且主要厅堂又不在其内，但由于景观内容充实而极富变化，实为全园精华荟萃的中心。

2．留园中部，不仅水波粼粼，花木繁茂，怪石丛生，而且亭台楼阁栉比鳞次，参差错落，疏密相间，极富层次变化，为它处所不及。

82

堆山叠石——9

借堆山叠石不仅从外部可以艺术地再现大自然界的峰峦峭壁，并使之具有咫尺山林的野趣，而且从内部还可以形成虚空的内洞洞壑，从而造成让迴旋转和扑朔迷离的幻觉。为此，凡规模较大的堆山叠石，总是力图同时达到这内、外两方面的要求。例如苏州的环秀山庄，作为私家园林，占地十分有限，然而就在这样有限的空间内，竟然能够使人感到变幻莫测和不可穷尽，实有赖于巧妙地借堆山叠石从而使山池萦绕，曲径盘迴，特别是峡谷内洞纵横交织和洞壑的曲折蜿蜒。

1．曲折迴环的洞壑，时而通畅，时而阻塞，循环往复不已，使人犹如置身迷宫。

B．自园东南部（B）看峡谷的入口，两峰对峙，一桥飞架，既险峻，又深不可测。

D．自峡谷中部（D）仰视，岩桥横贯，其势如飞。

C．自洞内看洞的出口

E．洞口，从近处看

2．环秀山庄，山石集中于东南、西北两个角落，特别是东南部，内洞与洞壑盘迴曲折，妙趣横溢。

环秀山庄平面示意。

A．园西北部假山，穿过洞壑可登至山顶，从而居高临下地观赏全园景物。

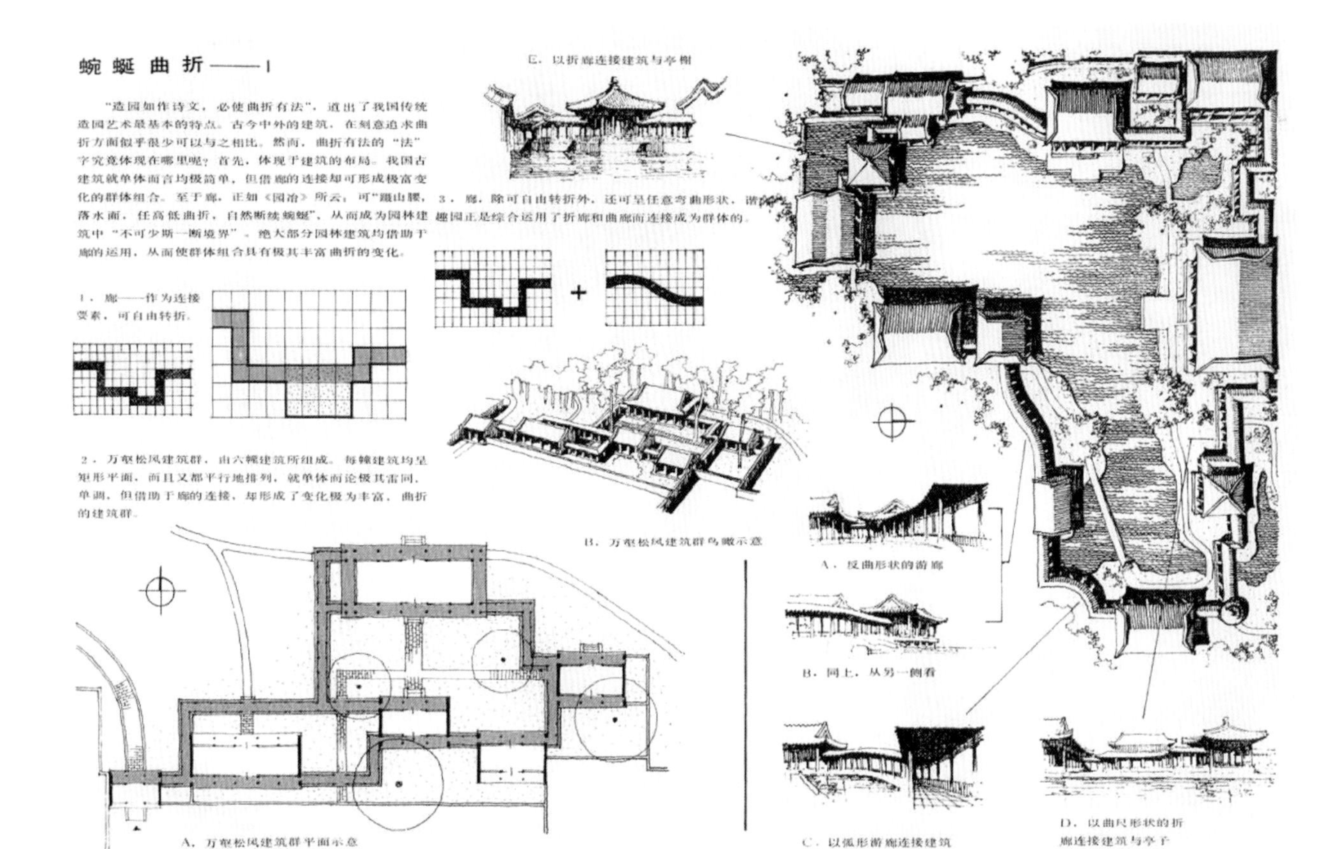

蜿蜒曲折——1

"造园如作诗文，必使曲折有法"，道出了我国传统造园艺术最基本的特点。古今中外的建筑，在刻意追求曲折方面似乎很少可以与之相比。然而，曲折有法的"法"字究竟体现在哪里呢？首先，体现于建筑的布局。我国古建筑就单体而言均极简单，但借廊的连接却可形成极富变化的群体组合。至于廊，正如《园冶》所云，可"蹑山腰，落水面，任高低曲折，自然断续蜿蜒"，从而成为园林建筑中"不可少斯一断境界"。绝大部分园林建筑均借助于廊的运用，从而使群体组合具有极其丰富曲折的变化。

1．廊——作为连接要素，可自由转折。

2．万壑松风建筑群，由六幢建筑所组成。每幢建筑均呈矩形平面，而且又都平行地排列，就单体而论极其雷同，单调，但借助于廊的连接，却形成了变化极为丰富，曲折的建筑群。

A．万壑松风建筑群平面示意

B．万壑松风建筑群鸟瞰示意

E．以折廊连接建筑与亭榭

3．廊，除可自由转折外，还可呈任意弯曲形状，谐趣园正是综合运用了折廊和曲廊而连接成为群体的。

A．反曲形状的游廊

B．同上，从另一侧看

C．以弧形游廊连接建筑

D．以曲尺形状的折廊连接建筑与亭子

彭一刚在《中国古典园林分析》中的手绘稿

《建筑空间组合论》空间与结构篇中的插图

第三章 建筑与风景速写的基础训练

◈ **学习目标**

建筑与风景速写基础训练可以帮助学习者对速写有更深层次的理解，对速写能力进行模块化的专业练习，可使学习者的绘画能力得到提高，表现更加自然。进行相对应的模块化练习，可以在练习过程中帮助学习者提升对景物的观察力和敏锐度，以及对一些简单场景的表达能力，同时可以通过临摹、观察等方式不断提高自己的审美水平。只有夯实基础，才能在后面的学习中更加得心应手。

◈ **能力目标**

掌握基本的场景表达能力，对画面的表达方式有所了解，形成一定的见解，并尝试加入自己的理解，在符合速写基本构图与绘画结构的同时，寻找自己的画风，能对场景进行简单的氛围营造处理。

◈ **知识目标**

① 了解建筑与风景速写的基础训练方法。

② 认识速写基础元素模块化。

③ 掌握画面基本处理方式。

第一节
线条练习

速写中的线条练习主要是通过练习手部动作，增强视觉感受，帮助练习者学习掌握如何描绘建筑和自然景观物体的形态结构和特征。通过线条练习，可以锻炼手的灵活性和手眼协调能力，促进绘画技能的提高，准确地把握物体形态、结构和空间关系。

线条练习可以帮助练习者掌握线条的运用技巧和方法，提高观察力和感知能力，加深对物体的理解，让练习者更加深入地了解物体的内部结构，有助于描绘出更准确、更立体的画面，培养练习者对线条、形态和空间的敏锐感觉和感受能力，提高审美水平，有助于提高画面的美感，从而可以更自如地表达自己的想法和情感，增强绘画的表现力，更好地描绘出物体的真实形态和属性，使画面更加丰富生动（如图3-1-1所示）。进行线条练习的意义具体有以下几点。

1. 提高练习者的观察力和感知能力

绘画是一项视觉艺术，需要通过观察物体来进行创作。在建筑与风景速写中，练习者需要对实物进行观察，把握主体的形态、结构和空间关系，并用线条表现出来。通过这样的练习，可以提高练习者的观察力和感知能力，更准确地把握物体的外观和内部结构。

图3-1-1
植物体速写/张永志

2. 深入了解物体的内部结构

线条是用来表现物体轮廓和结构的基本手段。在建筑与风景速写中，练习者需要用线条来描绘出物体的内部结构，如建筑的柱子、梁、墙壁等，以及自然景观的树木、草地、山峰等。通过不断进行线条练习，可以更加深入地了解物体的内部结构，从而在绘画中更准确地表现出各个部分之间的关系。

3. 培养感知敏锐度和审美能力

绘画既是技术，也是艺术。在建筑与风景速写中，练习者需要通过对线条的感知，来表达自己对物体的理解和感受。通过不断练习，可以提高感知敏锐度和审美能力，更准确地捕捉和表达物体的形态、结构和空间特征，从而创造出具有美感的画面。

4. 掌握线条的运用技巧和方法

线条是绘画的基础，是表现形态、结构、空间和情感的直接手段。在建筑与风景速写中，练习者需要掌握线条的运用技巧和方法，如线条的粗细、用力和方向等。通过练习，可以逐渐掌握这些技巧和方法，并在绘画中更加自如地表达自己的想法和情感，增强画面的表现力。

线条练习的重要性不言而喻，它不仅可以提高绘画者的绘画技能和观察力，而且可以提高其感知敏锐度和审美能力，让绘画者更好地表达自己的情感和想法，创造出具有美感的画面。

第二节 控笔练习

控笔练习是速写中最为基础的练习之一，也是速写中较为省略的一部分，它有助于练习者掌握正确的笔画和笔触力度，以保证线条的准确性和流畅性。在日常生活中我们写字、画画时也都不太会注意到控笔的训练。但是，在速写中，准确和流畅的线条是绝对不能少的。下面介绍几种常见的控笔练习方法。

1. 直线练习

直线是速写中最为基础的线条之一，在练习纸上用不同速度和压力画一系列的直线，以掌握线条绘制的粗细度和平稳度。刚开始的时候可以用缓慢的速度和较小的力度，然后慢慢提高速度和力度来进行练习。用笔画直线时，要注意笔在纸上的角度和翘曲程度。掌握好画线的稳定性对于接下来的练习和速写都会有极大的帮助。练习时可以画意向线，就是在同样的直线长度下从左到右、从右到左连笔几次，这样可以让自己更快捷地掌握笔的角度和翘曲程度。

2. 圆形练习

速写需要画很多圆形的线条，如圆形的影子或者碗、杯子等物体的粗略形状。在画圆形线条时，初学者由于手不够稳，线条可能会变得不圆滑。因此，进行圆形线条的练习，可以让线条变得柔顺且准确。练习时可以先粗略画出圆形，然后重复画圆形轮廓，并尝试让每一道线条停留在上一条线条与原先线条的中间。在练习纸上画一些不同大小的圆形，然后用笔画出圆形的轮廓线，以掌握正确的笔画和圆形的形状，可以进行从大圆到小圆、从小圆到大圆或是不规则圆形的练习。

3. 曲线练习

在人物速写中，由于人物的肢体形态和姿势变化，需要画出很多曲线线条。曲线线条主要用来表现肌肉的变化和动作的展示。对于表现笔画线条的细腻性，进行曲线线条练习是非常重要的。常见的曲线线条练习方法有往返式线条的练习、S形线条的练习、心形线条的练习等。在练习纸上先画一些曲线，如S形线、波浪线、螺旋线等，然后用笔画出曲线的轮廓线，以掌握正确的笔画和笔触。

4. 等距练习

通常情况下，大多数线条在速写中都是需要等距的。等距是指在一定区域内，线条之间的距离是一样的。进行等距练习可以很好地提升速写的稳定性和精确性。在练习时，可以选择练习等距的直线或弧线，并且重复画线条。在练习纸上画一些等距直线或曲线，然后用笔画出等距线两端与线条距离相等的线段。这种练习可以帮助练习者掌握正确的笔画和笔触，增强绘制线条的平稳度。

5. 倾斜练习

速写中的很多线条都不处于同一方向。因此，正确控制倾斜线条也是速写成功的一个关键因素。练习时可以画出一些倾斜的直线或曲线，同时用笔画出与倾斜线夹角相等的线段。在实际练习中，为了提高绘画的技巧，可以选择不同程度的倾斜角度，并不断练习。在练习纸上画一些倾斜的直线或曲线，然后用笔画出与倾斜线夹角相等的线段，以练习处理倾斜线条的技巧。

通过做好基础练习，掌握好控笔技巧，使手部的灵敏度得到提高，从而可以快速、简单地表现出复杂的线条，可以帮助练习者掌握好笔画、笔触，以及绘图的速度和力度，提高线条的准确性和流畅度，在速写中创造出更加精确和有韧性的线条表现（如图3-2-1所示）。

图3-2-1

场景速写/杜音然

第三节 透视画法

透视是一种在二维平面上表现三维物体的方法。它根据人眼的视觉特性和空间几何原理，利用画面中的线条与虚实关系，表现出物体在视觉上的距离、深度和空间关系。

透视的基本原理包括远近程度原理、消失点原理、视角原理、垂直线原理和颜色透视。远近程度原理是离人越远的物体看起来越小，离人越近的物体看起来越大，这种效应被称为远近程度原理。消失点原理是直线在远处相交，这个点被称为消失点，如公路上的双向车道线，越往前车道线越近，最后在消失点处相交。视角原理是视角越宽，物体看起来越大；视角越窄，物体看起来越小，它是由视野限制造成的。垂直线原理是没有斜线能够表现物体的真实形态，一些关键的垂直线标明物体的高度和形状，比如画人物的时候必须标明两条垂直线表示人物的高度和身体宽度。颜色透视是颜色在远处变得淡而灰暗，在近处变得明亮而鲜艳，这是由空气中的灰尘和雾气造成的。这些原理的综合应用，可以让透视画面更加真实和准确地表达物体和空间之间的关系（如图3-3-1~图3-3-3所示）。

图3-3-1　太行山速写/张弢

一、透视基本原理

1. 远近程度原理

远近程度原理通俗来说就是远处的东西看起来比近处的东西小。在透视画中，我们可以根据这个原理在画面中表现出物体的远近，达到营造画面深度的效果，比如远处的建筑看起来比近处的建筑小一些。

在透视画中，可以利用远近程度原理来表现物体之间的距离和相对位置。当我们在画图时尝试描绘一个由相同大小方块形成的矩形时，按照远近程度原理，远处矩形的形状会变成梯形，并且每一个方块的大小逐渐变小；在矩形的前部，方块的大小比远处的方块要更加

图3-3-2
西递古村速写/张弢

图3-3-3
太行山石板岩速写/张弢

真实且大小相似。除了方块，按照远近程度原理在绘制其他形状和物体时，比如绘制人像、建筑和山脉等，也很有用。通过增大近处物体缩小远处物体，可以增强立体感，营造出更加真实的视觉效果（如图3-3-4所示）。

总之，远近程度原理是透视画的基本原理之一，正确运用这一原理，可以让图像中的物体具有自然的距离感和角度感，增加画面的逼真度，给人们带来更好的视觉体验。

2. 消失点原理

透视中的消失点原理是指物体的平行线或者边缘，在远离我们视线时会渐渐收拢，最后在远处汇聚成一个点，这个点被称为“消失点”。在透视中，任意一条平行于地平线的线在透视画中汇聚于这个点，所以我们也可以把消失点看作是这个方向上所有虚线的中心。在透视画中，利用消失点原理可以表现出物体的远近、高低等特征，比如公路两边的电线杆、十字路口转弯处车道线的变化等。

消失点原理是透视画中非常重要的一个理论基础，通过运用这个原理，可以非常真实地表现出物体的深度、角度、距离感等。根据消失点原理，所有平行于地面的线条在透视画中都会收敛到同一水平线上的一个消失点，这个水平线被称为“地平线”。在绘制透视画时，消失点的位置和数量对画面效果有着重要作用。一幅画面中有多个消失点会导致画面杂乱，显得不自然，而只有一个消失点有时会显得画面单调。因此，需要适当地设置消失点的数量和位置，以达到理想的效果。除此之外，消失点原理还可以帮助实现各种视觉效果，例如，可以通过调整消失点的位置和数量来暗示景深，以营造场景的远近感；还可以帮助艺术家描绘各种形状和物体，例如画圆柱体和圆锥体时，通过在适当位置添加消失点，可以使这些物体在画面中更加真实，更加富有立体感。

消失点原理是透视画中不可或缺的重要原理之一，正确运用消失点原理，可以让透视画表现出更加真实的场景和物体，增强画面的逼真感和空间感（如图3-3-5所示）。

图3-3-4
场景速写/杜音然

图3-3-5
油画作品/马骏

3. 视角原理

视角原理指视角决定了人们所看到的物体的大小和形态。当人们看到的视角变小时，物体看起来就会变小；当视角变大时，物体看起来就会变大。在透视画中，需要通过控制视角来表现不同的透视效果，比如近大远小的效果。可以通过缩小画面中的物体来表现离我们远的物体，或是增大画面中的物体来表现离我们近的物体。

视角原理是指透视画中的物体或场景应根据人们观察时的视角来绘制。不同的观察者有不同的视角，从而对同一个物体或场景产生不同的感受。因此，在透视画中，要注意根据观察者的视角来绘制准确的场景。观察者的视角由于所处位置不同，会对同一个物体或场景产生不同的视觉透视效果。一般来说，观察者越接近物体，视角的倾斜角度越大，观察到的物体会显得更大，同时被观察到的景深透视效应也会更加明显。因此，在进行透视画的绘制时，需要根据观察者的角度和位置来确定物体的尺度和比例。此外，在透视画中，还需要注意场景中各物象的位置和场景风格。视角的变化会影响场景的风格，例如近距离观察时，会看到更加详细的细节；远距离观察时，则有更强的景深效果和空间感。因此，可以通过调整观察者的位置，来呈现出不同的场景风格。

视角原理是透视画中非常重要的一个理论基础。通过正确运用视角原理，可以使透视画逼真地表现出场景和物体的深度、角度、距离感等，并给人们带来更加真实的视觉体验。

4. 垂直线原理

垂直线原理指在透视画中，为了表现物体的高度和形状，需要确保一些关键垂直线的正确性。在透视画中，物体的高低和形状需要以垂直线为基准来确定。比如在画人物肖像时，必须标出两条垂直线来表示人的身高和身宽，否则人物的形态会不准确。

垂直线原理是指在透视画中，所有垂直线都应该垂直于地面，无论这些线是代表建筑物的墙壁、柱子或者其他直线物体。这个原理在透视画中是非常重要的，因为它可以让观看者更加真实地感知到物体的深度和距离，从而增加透视画的逼真度和立体感。垂直线原理的核心是地平线的位置。地平线的高度在透视画中代表了观察者的视线高度，也就是说，所有垂直线都应该垂直地穿过地平线。如果一个物体是垂直的，比如一面墙壁或者一根柱子，那么它的垂直线应该与地平线垂直相交。需要注意的是，在不同的视图角度下，地平线的位置也会发生变化。如果观察者位于地面上，则地平线应与观察者的眼睛水平，此时墙壁和其他物体的垂直线应该垂直穿过地平线。如果观察者处于高处，如高楼或山丘，则地平线应低于观察者的眼睛，墙壁和其他物体的垂直线应向地平线靠近。

垂直线原理的正确运用可以增强透视画的精确度和逼真度，特别是对于建筑物的绘制更是如此。

5. 颜色透视

颜色透视是指空气中的灰尘和雾气会影响物体的颜色和亮度。在远处的物体由于空气因素的影响，会变得淡而灰暗，而在近处的物体则会变得明亮而鲜艳。因此，在透视画中近距离的物体可以使用更加明亮、饱和的颜色，而在远距离使用更加灰暗、浅淡的颜色来表现透视效果。这些原理的综合运用，可以让透视画面更加真实、准确地表达出物体和空间之间的关系，营造出视觉上的深度感和空间感。在绘画中，颜色透视是一种非常重要的表现手法，有助于更好地表现物体的深度感和空间感，使观者获得更加真实和立体的视觉体验。

色彩透视是通过颜色、明暗、阴影等表现物体离观察者远近的一种方式。通过颜色明暗和饱和度的变化等，来表现物体的远近关系和空间深度感。在透视中，颜色的明暗和饱和度通常与物体的远近有关。远离观察者的物体其颜色通常会变得暗淡，有时会变得更加灰暗，而且饱和度通常会降低，变成一种淡而无味的颜色。这是因为接近观察者的物体受到的光线更强，颜色也就更加饱和，更加鲜艳。同时，阴影的存在也会对透视图中的颜色产生影响。阴影是因为受到其他物体的阻挡或者光线照射不足而形成的暗部区域。因此，在透视图中，颜色的明暗和阴影的关系也需要考虑到。

颜色透视不仅适用于绘画和美术这些领域，也广泛运用于其他设计领域，如室内设计、产品设计和用户界面（UI）设计等。在室内设计中，为了创造出一种具有深度感的空间，设计师也需要充分利用颜色透视进行设计。室内设计师可以运用颜色明暗度和饱和度的变化，营造出一种深度感和层次感。比如，用轻淡的颜色和饱和度较高的颜色来装饰室内空间的前景，用深重的颜色和饱和度较低的颜色来装饰远离观察者的空间，这样可以创造出一种空间深度感。在产品设计中，颜色透视可以被用来表现产品的形状、质感和层次感。利用不同色调及明暗的色彩，让产品看起来更加具有立体感和质感，同时也可以使不同产品间层次分明，更具有区分度。在用户界面设计领域，利用颜色透视可设计出一种更具层次感、深度感和真实感的用户界面。利用阴影、高光以及色彩的变化来表现界面元素的立体感和深度，同时可以增强用户界面的美感。

颜色透视是一种非常重要的表现手法，它能够让设计师更好地表现物体的深度感和空间感，同时也能让观者获得更加真实和立体的视觉体验，因此在设计中需要充分利用颜色透视这一手法。

二、一点透视、两点透视、三点透视

一点透视、两点透视和三点透视都是绘画中非常实用的透视技法，它们可以让画面看起来更加真实，具有立体感和深度感。一点透视通常用于绘制远景或者某些平面的图像，比如海景、草原、森林、山脉等。在绘制时，可以根据视角的位置选择适当的远点，并将图形中的线条和轮廓向远点收敛，以达到远近透视的效果。两点透视通常用于绘制建筑、城市街道、室内场景等。在绘制时，需要确定两个消失点的位置，并将图形中的线条和结构按照透视规律向两个方向收敛，这样能使整个画面看起来更具有空间感和立体感。三点透视通常用于绘制科幻场景、空间场景等具有复杂透视感的画面。在绘制时，需要确定三个消失点的位置，并且需要特别注意画面中物体的高、宽比例和变形。这样能够使整个画面看起来更加真实、立体、具有未来感。应用各种透视技法时，都要注意掌握透视规律，把握好线条和结构的收敛方向和比例，才能创造出具有深度感、空间感和立体感的作品。

1. 一点透视

一点透视也被称为中心透视，其基本原理是利用人眼的视点，将画面中的各个元素以透视中心为基准向四周呈放射状延伸。一点透视的应用范围非常广泛，特别适用于表现大场面的远景，例如山脉、草原、海洋等开阔的地方。一点透视图是指观察者站在一个位置上，看向一个远处的点，绘制的透视图形。在一点透视图中，所有的景物都由一个中心向四周逐渐扩散开来，组成一幅由中心向四周逐渐扩散的图像。因为一点透视图中只有一个中心，所以绘画或设计的难度大大降低。但是，一点透视的视角固定且无法改变，不能表现出空间深浅变化或者物体的不同高低关系。

具体来说，一点透视的原理是：首先，需要确定画面的透视中心，即画面中的远点。这个远点通常位于画面的中央位置，以从这个点往四周辐射的线条为基准，将画面分割成不同的区块。其次，画出画面中的各个元素，例如山、树、人、建筑等，然后根据这些元素与远点的距离关系，将其以透视线条为基准进行收敛，使得整个画面呈现出透视感。最后，根据需求，再在画面中加入不同的细节、色彩和明暗变化，让整个画面更具立体感和深度感。

一点透视的应用范围广泛，可用于绘制风景画、背景画、建筑画等多种类型的作品。不同的透视中心和线条收敛方式会导致画面的视角和视觉效果不同，因此在绘画前需要根据画面要表达的主题和氛围决定透视的形式。此外，还需要掌握透视的基本规律和线条的收敛方式，依据实际观察将物体的形态和位置进行调整，才能创作出完整、具有情感语言的作品。在绘画中使用一点透视时，还需要注意以下几点。

（1）透视中心的确定

画面中的各个元素都要以透视中心为基准进行绘制，所以确定透视中心是绘画中的重要一步，需要根据画面的需求进行选择。

（2）距离的远近和大小的比例

元素与远点的距离越远，其尺寸就越小，因此在绘制不同远近和大小的元素时，需要仔细考虑它们与远点的距离关系和大小比例。通常，远点与物体的距离越远，同样大小的物体呈现出来就越小。

（3）线条收敛的方向和方式

在绘制元素时，根据它们与远点的距离关系，将其向远点收敛，同时要注意线条的收敛方向，以达到透视效果。例如，远点在画面中心时，线条应以中心为基准，从四周向远点收敛；当远点不在画面中心时，线条的收敛方式随之改变。

（4）细节和明暗的处理

在绘画中加入不同的细节、色彩和明暗变化，可以让画面更加丰富有立体感。例如，在透视的基础上加入明暗变化，可以模拟出阳光和阴影的效果，给画面带来强烈的光影对比，增强立体感和空间感。

一点透视是绘画中最基础、常用的透视技法之一，运用一点透视可以使画面展现出立体感和深度感，创造出更加真实、具有艺术感染力的作品。需要绘画者不断练习和探索，才能更好地掌握其原理与应用（如图3-3-6所示）。

图3-3-6　一点透视场景速写/张永志

2. 两点透视

两点透视是一种在绘画中广泛应用的透视技法，它可以创造出多种透视效果，增强画面的立体感和空间感。两点透视的原理是指在绘画中设置两个远点，通过连接目标物体上的两个关键点和这两个远点，来确定该物体在画面中的位置和透视效果。两个远点通常位于画面的两侧，它们被称作“水平线上的透视点”，因为它们都在画面的水平线上。当我们画出两个远点后，可以通过连接目标物体的两个关键点和两个远点，并在交点处标记出物体的顶点，来确定物体在画面中的形状和位置（如图 3-3-7 所示）。运用两点透视绘制的物体可以有较多的高度和深浅变化，视觉效果更加立体。两点透视中画面中心线上不存在消失点，但是两条边线的两个消失点分别位于画面两侧。

运用两点透视需要注意的是，所有的垂直线都需要向两个消失点方向逐渐收敛。在绘制建筑物等垂直结构时，需要有意识地留出相应的垂直面来绘制墙壁和门窗等结构。这样能够使整个图形更加真实和立体。两点透视是一种非常实用和重要的绘画技法，相比于一点透视，它可以更好地表现出物体的立体感和空间感，因为它可以让观众看到物体的侧面和背面，同时也可以显示出物体的高度和深度。绘画者需要认真学习、不断练习，才能更好地掌握其技巧和应用方法。

（1）两点透视常见应用场景

① 街景与城市场景。在绘制街景与城市场景时，往往需要呈现建筑物的侧面和背面，这时就可以运用两点透视。在画面的左右侧分别设置两个透视点，将建筑物的拐角或侧面与这两个点相连，来表现建筑物的空间感和立体感。这样可以让观众看到建筑物的侧面和背面，感受到建筑物的深度和高度。

图3-3-7　宏村速写/张永志

② 设计与布局。在进行设计与布局时，可以运用两点透视来控制画面中不同元素的尺寸和位置。通过在画面中设置两个透视点，可以让画面呈现出不同的空间感和立体感。例如，在设计家具或场景时，可以用两点透视来表现家具或场景的立体形态和大小关系，让它们和其他元素相互呼应。

③ 动态图画。在绘制动态图画或漫画时，两点透视也是必不可少的技法之一。通过运用两点透视，可以让画面呈现出更加复杂和动态的空间感及透视效果。例如，在绘制人物时，可以用两点透视来表现人物不同身体部位的大小比例和透视关系，让人物看起来更加立体有动态感。

④ 游戏设计。在游戏设计中，画面逼真和有立体感是非常重要的，可以通过两点透视来实现。游戏设计师可以使用两点透视技法来设计游戏中的各种场景和角色，创造出各种立体和逼真的效果，增强游戏玩家的体验感（如图3-3-8所示）。

⑤ 产品设计。在产品设计中，两点透视技法也是非常有用的。比如，产品设计师可以使用两点透视来设计

图3-3-8　游戏设计

各种产品的外观和形态，使其更加逼真有立体感。这可以帮助产品设计师更好地表现产品的设计效果，提高生产效率和产品质量（如图3-3-9所示）。

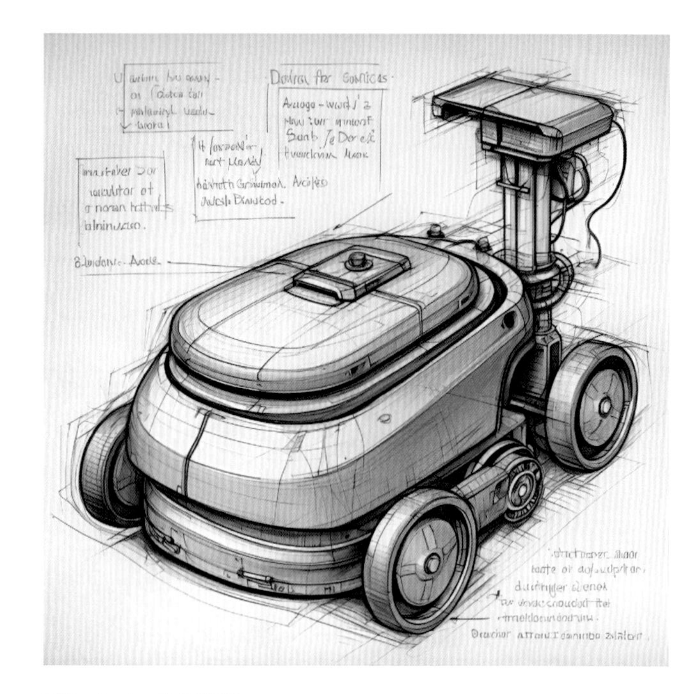

图3-3-9　产品设计

⑥ 广告设计。在广告设计中，立体感也是非常重要的。广告设计师可以使用两点透视技法来创造出逼真和立体的广告画面，让广告效果更加生动和吸引人。这可以帮助广告公司更好地推广产品和品牌，增强广告效果。

⑦ 漫画制作。在漫画制作中，画面的逼真和立体感同样是非常重要的。漫画家可以使用两点透视来表现各种动作和场景，创造出生动而逼真的漫画效果。这可以帮助漫画家更好地表现故事情节和人物性格，提高漫画质量，优化受众体验（如图3-3-10所示）。

图3-3-10　漫画设计

两点透视是绘画和设计领域非常实用和重要的技法之一，可以创造出逼真和有立体效果的作品，增强画面的空间感和视觉冲击力。需要注重学习和练习，才能自如地使用这种技巧。

（2）两点透视绘制步骤

两点透视在建筑与速写中的应用是非常广泛的，主要用于表现建筑物的透视关系和立体感。绘制建筑物的过程中，注意观察建筑物的每一个细节和线条，并通过多方面的思考尝试还原真实的建筑物形态和氛围。同时也要不断尝试，不断反思，从不断的实践和尝试中提高自己的绘画技能。下面介绍两点透视在建筑与风景速写中的具体应用方法。

① 决定视点和水平线。在进行建筑与风景速写时，首先要确定一个视点和水平线。视点是指绘画者所看到的建筑物的位置，它通常位于建筑物的一侧或角落。水平线是指绘画者的眼睛和建筑物之间的水平线，通常会从视点出发，水平延伸到画面左右两侧。

② 画出建筑物的基础框架。在确定了视点和水平线之后，绘画者可以先画出建筑物的基础框架，即建筑物四周的边界线。可以根据实际建筑物的大小和形状，自由创造一些建筑物的设计和形态，以突出画面的主题和内容。

③ 用两点透视法画出建筑物的立体感。在确定了基础框架之后，绘画者可以使用两点透视法来画出建筑物

的立体感。可以在画面的左右两侧分别标出两点，并在基础框架对应位置的上方和下方汇成两条斜线。这样，绘画者可以通过这两条斜线来确定建筑物各部分的高低位置和深浅关系，从而创造出逼真的立体效果。

④ 加入细节和纹理。在确定了建筑物的立体关系之后，绘画者可以加入一些细节和纹理来丰富画面的内容。可以画出建筑物的窗户、门、栏杆等细节部分，并用一些长方形和正方形来表现建筑物的砖块和石材纹理。在绘制建筑速写时，注意观察建筑物的细节和纹理。建筑物的细节包括建筑物构造、设计和装饰等，要尽可能地还原真实的细节。建筑物的纹理包括建筑物的表面质感，如木质纹理、石材纹理、砖墙的突起等。要注意这些细节和纹理的细微变化，有的地方可能会有半隐藏的花纹或装饰。

⑤ 注意光影效果。除了细节和纹理外，建筑物的光影效果也是非常重要的一部分。在绘制建筑速写时，要注意建筑物的光源方向和强度，从而创造出逼真的光影效果。需要注意的是，建筑物周围的环境和天气也会对光影效果产生影响，因此要根据实际情况进行绘制。

⑥ 留意建筑物的比例和尺寸。在进行建筑速写时，还要注意建筑物的比例和尺寸。如果比例失调或尺寸不准确，就会导致画面不协调和不真实，影响画面的效果。因此，在绘制建筑物时，要仔细观察和测量建筑物的各部分比例和尺寸，保证画面的准确性和真实性。观察建筑物的透视和比例非常重要。建筑物的透视指的是建筑物在远处的收缩程度，以及建筑物的角度变化。要在绘画建筑物时尽可能地还原透视效果，保证画面的真实感。建筑物的比例指的是建筑物各部分的大小关系。在绘画建筑物时，要特别注意建筑物的比例，避免造成画面异常或不协调（如图3-3-11所示）。

⑦ 使用阴影和色彩增加维度。可以使用阴影和色彩来增强画面的立体感。可以在建筑物的一侧或下方加入阴影，用来表现建筑物的立体关系和鲜明的光影效果。同时，可以使用色彩来营造建筑物的质感和氛围，从而让画面更加有趣和生动。绘制建筑速写时，要注意线条和阴影。线条可以自由地运用，用来表现建筑物的轮廓和细节，而阴影则可以用来增强建筑物表面的深浅和层次感。阴影的灰度可以用来增强画面的立体感和质感，

图3-3-11
建筑速写

同时还可以为画面增添一些自己的情感和氛围。使用色彩可以为建筑与风景速写增加视觉效果。可以运用不同的色彩和纹理来增加画面的立体感和质感。例如，一些古老的建筑可能会有石材表面的斑驳纹理，而现代建筑则有更加平滑的表面。在运用色彩时，要注意建筑物周边环境的光线和颜色，并与建筑物本身的颜色相协调。建筑与风景速写是一项非常综合和复杂的绘画技巧，需要灵活掌握多种技巧和方法。在进行速写时，要注意细节和比例，注意光影效果和色彩运用。

两点透视在建筑与风景速写中是非常重要的知识点，它可以帮助我们更好地表现建筑物的透视、立体和空间关系，从而创造出更加逼真、生动和有趣的画面效果。写生速写需要细心和耐心地观察和绘画，多加练习才可以提高。

3. 三点透视

在三点透视中，画面中存在三个消失点，使得画面具有更加真实的立体感。三点透视是常用的一种透视，它利用三种视点来呈现物体的空间感和立体感，使画面更有层次感。

三点透视的基本原理是在画面上有三个视点，其中一个在画面中央的线上，两个在左右两侧，远近不一。通过这三个视点，绘制者可以更好地表现出画面中物体的立体感和空间感。在绘制三点透视时，需要将垂直线和水平线向三个消失点方向逐渐收敛，同时需要特别注意画面中物体的高度和宽度比例，避免画面变得扭曲（如图3-3-12所示）。

（1）三点透视的绘制要点

在三点透视中，绘画者需要注意以下几点。

① 画出一条画面中的垂直中心线，在中点处标记出第一个视点。

② 画出两条平行的画面边线，分别向第一个视点和其他两个视点延伸。

图3-3-12　建筑速写/张永志

③ 在远离中心线的两个边角上标记出第二个视点和第三个视点。

④ 将画面分成不同的区域，并在每个区域中画出不同的物体。

⑤ 按照三点透视原理和各种物体的形状、远近关系等，将不同区域的物体画出来。

（2）三点透视的绘制步骤

三点透视的画法如图3-3-13所示。

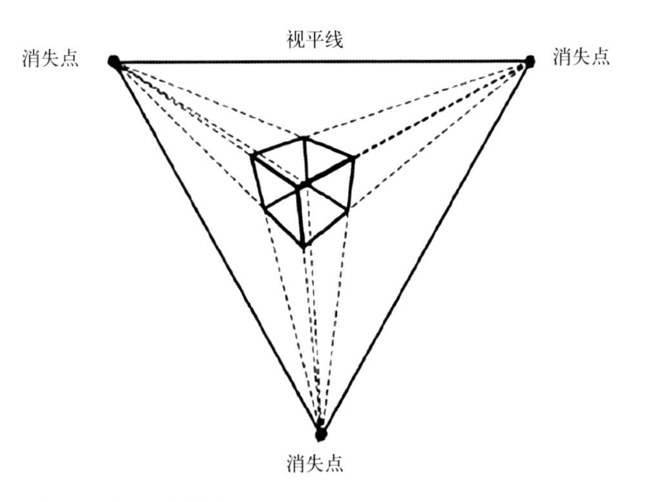

图3-3-13　三点透视

① 选择合适的视点和画布大小。选用合适的视点和画布大小非常重要。如果视点太近或画布大小不合适，可能会出现画面失衡或者视角不自然的问题。

② 设定中心轴线。在画布上确定中心轴线的位置和方向，这是进行三点透视的基础。

③ 确定三个视点。根据中心轴线的位置和方向，确定一个视点在中心轴线上，而另外两个视点在左右两侧。同时不要太靠近画布边缘。

④ 确定物体的远近关系。根据三点透视的原理，不同的物体在画面中有不同的远近关系。因此，在画三点透视图时需要考虑画面中不同物体在不同距离上的位置关系。

⑤ 画出物体。确定了物体的远近关系之后，再根据物体的色彩等特征进行细节处理，完成三点透视的绘画。

（3）三点透视的应用场景

三点透视在绘画中广泛应用，可以用于创作城市公园、高楼大厦、景观绿化等各种建筑或空间场景。它可以使画面更加具有立体感、空间感、深度感，而且还能够突出画面中的主体，使画面更加鲜明、生动。熟练掌握三点透视的应用方法，对创作高质量的绘画作品来说非常重要。

将不同的透视技法应用于不同的设计场景中，可以使设计作品看起来更加有立体感和深度感，增强设计作品的视觉效果和美感。

第四节 画面与构图

画面是指绘画作品所占据的平面，包括画布、纸张和其他基本材质，而构图则是指如何在画面中安排和组织各种元素。在绘画中，构图是非常重要的一环，决定着作品的艺术效果和视觉效果。构图要求绘制者具备一定的审美和创意，需要在画面中确定主体和次要元素，使画面达到合理、和谐、有层次的效果。

绘画构图中需要注意视觉焦点、画面平衡感、空间纵深、画面节奏感、重复和对比的应用。画面的视觉焦点是画面中的主体，对于构图来说，是非常重要的元素。绘画者需要确定视觉焦点的位置，然后将其他元素安排在其周围，从而使画面变得和谐。平衡是构图的重要原则之一，艺术家需要将画面中的元素，按照一定的规律和比例布局，从而达到平衡的效果。画面中的元素分布不仅要有平衡感，还要具有空间纵深感，艺术家需要巧妙地应用透视、色彩等手法，使画面具有立体感和空间感。节奏感是构图的视觉效果，绘画时需要在画面中设计元素的大小、间距、形状等，从而产生一种节奏感和动态感。重复和对比是构图的两种处理方式，可以利用重复元素或对比元素，形成视觉对比效果，增强画面的表现力和艺术感。在绘画中，构图是非常重要的一环，需要在设计作品之初就从谋篇布局、元素整合和表现效果等角度出发，考虑如何能够通过构图设计来突出主题、表现情感，使作品更具观赏性和艺术价值。

绘画中的画面氛围是指画面中所表现的一种特定情绪、感觉、氛围或者主题，从而让观众感受到画面所传达的情感主旨。在绘画中，营造一个特定的画面氛围，可以帮助艺术家更好地表现主题，传达出特定的情感和情绪，引起观众的共鸣。

一、常见的画面氛围营造手法

1. 色彩营造氛围

色彩是画面中最重要的元素之一，正确运用色彩可以使画面传达出特定的情感和情绪。例如，采用浅色调的色彩可以营造出轻松、愉快的氛围，而采用暗色调的色彩则可以表现出沉重、悲伤的情感。不同的颜色有着不同的情感和情绪意义，例如红色代表着热情、勇气、爱情，蓝色代表着冷静、深远、平静。绘画时可以根据所选择的主题和情感要素，来决定使用何种颜色以及怎样的色调，从而营造出特定的氛围。例如，使用色调明快的颜色和大量的红色可以表现出欢乐、快乐的氛围；而采用色调暗淡的颜色可以表现出悲伤、沉重的氛围（如图3-4-1、图3-4-2所示）。

此外，不同的颜色还可以互相搭配来营造出不同的情感，如蓝色和绿色可以互相配合表现出宁静、清新的感觉，而红色和橙色则可以表现出热情和活力。

2. 线条运用营造氛围

线条是绘画中非常重要的元素之一，不同种类的线条可以营造出不同的氛围。曲线线条所表现的感觉是柔和、温馨、亲切的。这种线条通常会富有变化，画面中

图3-4-1 《雨中思溪》/马骏

图3-4-2 《初春时节》/马骏

的物体轮廓非常平滑，它可以非常准确地表达出人物的情感细节，让人感受到画面的柔和和温馨。相反，使用直线的画面给人的感觉往往是干净、规矩、果断的，直线的线条代表着坚决和决断，可以表达出一种无需解释的强大力量感。在一些表现科技感、现代感等主题的作品中，使用直线线条可以更好地表现出这些元素（如图3-4-3、图3-4-4所示）。

3. 借助视觉形象营造氛围

视觉形象也是画面营造氛围的重要手段之一。在画面中添加特定的元素，如捕捉到的人物、场景或背景等，可以更直观地表达出画面所传达的情感主旨。例如，绘制一幅小狗躺在草地上表现休闲、放松、平静氛围的画面，可以让观众感受到小狗带来的一些温馨和快乐，并且通过画面中其他元素如梅花、草和阳光表明这是一个和谐的空间。

4. 空间表现营造氛围

空间也是绘画中的一个重要元素，通常可以使用透视和构图的手法来表现空间。比如，使用小的画面比例可以让画面更加紧凑、密集，而采用大的画面比例则可以表现出宽敞、深远的感觉。在表现小的空间时，画面通常会显得比较紧凑，但可以表现出更多的情感元素；而在表现大的空间时，画面通常会显得宽阔，可以表现出更为平静、深远的情感氛围。

画面氛围营造是绘画中非常重要的一个环节，通过巧妙地运用色彩、线条、视觉形象、空间等手法，可以更好地表达画面中所要传达的情感和情绪，让画面更具

图3-4-3
横向现代建筑速写

图3-4-4
竖向现代场景速写

有表现力和艺术感。

二、画面的构图

画面构图是指将不同的元素（线条、形状、颜色、纹理等）有机地组合在一起，以形成整个画面的结构和布局。它是一个以视觉为主的基本概念，通过不同的排列方式和比例变化，营造出画面中各个元素之间的关系，从而增强画面的表现力和视觉效果。良好的画面构图可以引导观众的视线，展现画面主题或意图，并传达作者的情感和思想（如图3-4-5、图3-4-6所示）。

构图在绘画中是极其重要的，因为一个好的构图能够让画面更加有力、更加吸引人，同时也能够让画面更好地传递出作者所要表达的情感和意义。一个好的构图可以引导视线，让人们更加集中地关注画面中的重要元

图3-4-5　场景速写/张永志

图3-4-6　宏村写生/张永志

素，从而更好地理解画面中的主题和情感。通过良好的设计，可以使画面中的各个元素相互映衬、相互呼应，从而达到更加丰富和有力的效果。构图可以让画面具有更好的视觉平衡。一个好的构图应该兼顾画面的稳定性和动态性，让画面看起来和谐舒适。在构图时需要考虑物体的大小、位置、比例等因素，通过调整这些因素的关系，使画面中的元素和谐地融合在一起。一个好的构图可以增强作品的吸引力和美感。通过巧妙的构图设计，可以让画面更加有张力、有对比度、有动态感，从而使画面更加精彩和优美，达到更好的观赏效果。绘画中的构图是一种非常基本而且重要的技能，它能够使画面更加有力、生动、合理和美观，同时也能够更好地表达作者所要传达的主题和情感。

画面构图是一种视觉语言，可以通过创造性地布置形式元素来营造出丰富的视觉效果。构图包括多个方面，大致包括以下几种：对称构图和不对称构图、利用不同的线条构图、使用形状构图、使用颜色构图、使用空间构图等。

1. 对称构图和不对称构图

对称构图指的是画面中物体或组合物体呈左右或上下对称，而不对称构图指的是画面中物体或组合物体不是对称排列（如图3-4-7、图3-4-8所示）。对称构图会使人们感到平稳、稳重和舒适，不对称构图则会使人产生紧张、活泼、有力的感觉。对称构图是通过将图像沿着中心轴线分成两个镜像对称的部分来创造平衡的一种构图方式。这种构图方式可以营造出一种稳定和整齐的图像效果。而不对称构图则是利用各种不同的形状、大小、颜色和纹理来创造平衡的构图技巧。这种构图方式使用不规则的图形，或将图像的元素集中在图像的一个区域内，使观众的注意力更加集中，使图像更加有趣

图3-4-7　场景速写（对称构图）/张永志

图3-4-8
场景速写（不对称构图）/张永志

和富有活力。在绘画中，对称构图通常用于表现稳定、恒久的事物，如建筑、机器设备等，而不对称构图通常用于表现动态、不稳定的事物，如人、自然景象等。当然，这只是一种普遍的规律，并非绝对。在创作中，可以有意地创造一些反常的效果，使得图像更加有趣和具有表现力。

2. 利用不同的线条构图

可以利用形状、方向、粗细、长短、排布方式不同的线条来构造画面。这些不同的线条可以传达出不同的感觉和主题，例如，直线可以让画面更加安静，而曲线可以让画面更加动感。

3. 使用形状构图

形状在画面构图中也是至关重要的。不同的形状可以表现出不同的特点和意义。例如，正方形可以让人感到严谨，三角形可以让画面更加有动态感，而圆形则是温和圆润的形状。

4. 使用颜色构图

不同的颜色和颜色组合，可以表达不同的情感和主题。例如，暖色调可以传达出温暖、安定、热情和活力，而冷色调则会传达出冷静、安静、凉爽和沉稳的感觉。

5. 使用空间构图

空间不仅可以是画面中物体的实际位置，也可以是画面中物体之间的间隔或者整体布局的空间。通过进行空间设计，可以达到不同的效果和目的。良好的空间构图能够引导观众的视线，使得画面更具表现力和视觉效果。它不仅能够让人们更好地理解画面主题和情感等含义，同时也能够增强作品的美感和吸引力。

三、多种类型构图法

在建筑与风景速写中，比较常用的构图法还有留白式构图法、曲线构图法（S形构图法）、对角线式构图法等（如图3-4-9、图3-4-10所示），这些都在绘画中多有应用。

1. 留白式构图法

留白式构图法是速写中常用的构图方法之一，也被称为空白式构图法、负空间构图法等（如图3-4-11所示），是一种常用于绘画、摄影和设计的构图方法，也可应用于建筑与风景速写中。它通过合理运用画面空白部分，来强化画面主题的表现，使画面更加具有表现力和艺术感。留白式构图法通常将主体物体放置于画面一侧，并用较大的空白区域来装饰画面的另一侧，使画面简洁干净、和谐美观。这种构图方式的目的在于利用负空间的效果来突出主题，吸引观众的注意力。此外，在留白时，还可以通过调整负空间的形状、大小、位置、颜色等，来达到渲染画面意境的目的。还可以利用前景和背景的色彩对比、明度对比和纹理对比等手段，强化画面的主题表现。留白式构图法通过协调画面中各元素的空间关系，在保持画面美感和艺术感的同时，更好地表现主题，是一种非常重要的构图方法。与其他构图方式相比，留白式构图更加强调空间和形式。在实际应用中，留白式构图法通常用于广告、插画、海报等的创作，它可以创造出画面整洁、表现力强的效果。

在建筑速写中，留白式构图法可用于突出建筑物的特征和结构。留白式构图法以物体或场景的边缘或轮廓线为基础，利用背景中空白的部分来强调物体或场景的主题和焦点。例如，当绘制一座古老的教堂时，可以利用留白式构图法来强调建筑物的拱门和钟楼。可以用粗笔勾勒出建筑物的轮廓和主体结构，在绘画的过程中留意细节，利用留白的空白部分来强调教堂的主要特征。在风景速写中，留白式构图法可用于强调主体景点或细节，例如河岸景色或树木的轮廓线。可以利用空白的地方来创造光线和阴影的效果，让画面更加立体和丰富。留白式构图法是一种简单而有效的构图方法，利用空白的空间来增强重点和主题，能够增强建筑和风景速写作品的表现力和视觉效果。

2. 曲线构图法

曲线式构图法也叫S形构图法，是一种常见的构图技巧，通过使用曲线形状来构建画面，营造出柔和、流畅的感觉（如图3-4-12所示）。这种构图方式在建筑与风景速写中具有重要作用。

在建筑速写中，曲线式构图法可以强调建筑物的特征和结构，从而创造出更具视觉冲击力的画面。例如，在绘制带有拱门和拱顶的建筑时，可以使用曲线式构图

图3-4-9　S形构图

图3-4-10　对角线式构图

图3-4-11　建筑速写（留白式构图）/张弢

图3-4-12 场景速写/张永志

法来强调建筑物的美感和结构。用自由而流畅的线条勾勒出拱门和拱顶的曲线，将主题突出显示在画面中央，这种曲线可使空间放大或缩小，使画面显得层次分明。在风景速写中，曲线式构图法可以用于创造自然而有韵律感的画面效果。例如，在绘制一片森林时，可以使用曲线式构图法来强调树木、地形中微妙的曲线。可以用自然而流畅的线条描绘出伸出枝丫的树木，或是山峰或岩石的曲线和形态，将这些元素放在一个整体的画面中，营造出一种美妙而自然平衡的视觉效果。曲线式构图法还可以用于强调风景的主题，例如，使用曲线描绘风景中最引人注目的主题点，例如河流，大海或瀑布，进一步增加画面的张力和视觉效果。

除了以上提到的作用，在建筑与风景速写中，曲线式构图法还有如下作用。

（1）强调景深感

通过巧妙呈现出前景、中景以及远景，使画面更具有层次感。

（2）引导视线

合理地使用构图中的曲线，可以将观众的视线引导至画面的主题点，增强画面的表现力。

（3）营造情感

曲线给人一种柔和的感觉，因此在表达某些情感或场景时，可以使用曲线来强化画面所要表现的情感，例如柔和的氛围、温馨的场景等。

（4）传达主题

艺术作品的主题极为重要，曲线式构图法可以帮助绘制者将主题明确传达给观众。

（5）创造对比

当画面中同时呈现曲线和直线时，可以通过对比来营造出强烈的视觉效果。

在实际绘制过程中，绘制者可以加入自己的创意，灵活运用曲线构图技巧，以创作出更出色的作品。曲线式构图法是一个很有用的技巧，可以用于增强建筑、风景速写的视觉效果和美感。通过巧妙地使用曲线式构图，绘制者能够在画面中创造出动态、生动、优美、流畅的效果。

3. 对角线式构图法

对角线式构图法是一种常见的构图技巧，利用对角线将画面分割为两部分，营造出一种动感十足的画面效果（如图3-4-13所示）。这种构图方式在建筑和风景速写中的应用也是非常广泛的。在建筑速写中，对角线式构图法可以突出建筑物的特点，较好地表达其内心的感觉。例如，在对一座大门进行速写创作时，可以使用对角线式构图法表现大门的高度和宽度，达到突出视觉效果的目的。在风景速写中，对角线式构图法可以用于营造动感十足的画面效果。例如，在绘制瀑布时，可以使用对角线式构图法来强调瀑布的高度和流动感，使画面更具有大气感和立体感。

对角线式构图法还能创造出向观众传递情感的画面效果。例如，在绘制某些人物或建筑时，可以使用对角线式构图法来强调它们的威严、高大和震撼力，或者根据画面的内容来营造一种严肃、安静或悲痛的氛围。通过合理地运用对角线，可以让画面更具有感染力和表现力。

此外，对角线式构图法还可以用于引导观众的视线，将画面中的重点或者要表达的情感呈现在观众眼前。利用对角线把观众的视线引向画面中心，从而达到强调画面主题的效果，这对于营造画面氛围和增强视觉冲击力都十分有效。在绘制建筑和风景时，对角线不仅可以整体运用，还可以在局部运用，比如窗户、门扇、树木等处的斜线与整幅画面的对角线结合起来。这样可

图3-4-13　场景速写（对角线构图）/马骏

以突出特定的细节和构件，从而增强画面整体的视觉冲击力。绘制者可以灵活运用对角线构图技巧，在自己的作品中营造出更具表现力、更具视觉吸引力和感染力的画面效果。

第五节
体块透视基础练习

体块透视是建筑与风景速写中非常重要的一种练习方法，它可以帮助绘制者更好地理解空间和深度，把三维物体在二维的画面中表现出来。对于建筑速写而言，体块透视可以帮助绘制者更准确地把握建筑的比例、形状、结构和空间关系，使得绘制出来的建筑物立体感更加强烈，具有更强的真实感和观赏性，同时，在绘制建筑物的过程中，可以帮助绘制者更好地描绘建筑物的细节，使画面更加精细。体块透视还可以帮助绘制者更准确地表达景深，营造出更加真实的视觉感受，把画面中的各个元素有序排列，建立起完整的三维空间，使得画面更加有层次感和立体感。同时，在绘制风景速写的过程中，体块透视也可以帮助绘制者更好地理解自然环境和景观的结构、细节，把握形态和质感，使画面更加生动。体块透视练习对建筑与风景速写具有重要的作用，它可以帮助绘制者更准确地把握建筑与风景的外形与内部结构，让绘画作品更加地立体、真实和生动。

一、体块透视的作用

在建筑和风景速写中，体块透视的作用主要有以下几个方面。

1. 准确把握建筑与风景的比例、形状和结构

体块透视可以帮助绘制者更准确地把握建筑的比例、形状、结构和空间关系。在绘制建筑的过程中，可以通过绘制建筑的基本体块（如长方体、正方体等）来把握建筑的基本形态和结构，然后通过描绘建筑的具体细节来补充细节元素，使绘制出来的建筑立体感更加强烈，从而具有更强的真实感和观赏性。同样，在绘制风景的过程中，可以通过绘制基于景深的3D空间来把握景观的基本形态和结构，然后通过表现细节来补充景观的质感元素，使画面更加有层次感和立体感。

2. 营造真实的视觉感受

体块透视可以更准确地表现景深，营造出更加真实的视觉感受，将画面中的各个元素有序排列，建立起完整的三维空间，使画面更加有层次感和立体感。在绘制建筑与风景的过程中，需要考虑画面中各个物体的位置，根据其层次和位置的不同，确定其大小、角度和明暗等因素，从而实现逼真的画面效果。

3. 帮助表现建筑与风景的形态和质感

体块透视可以帮助绘制者更好地表现建筑和风景的形态和质感，使其更加生动。在绘制建筑物的过程中，我们需要考虑建筑物的材料，根据其质感和光泽度的不同，使用不同的画法和颜色，如在绘制石材时，需要考虑石材的纹理和质感，使用不同的笔触和颜色来表现。在绘制风景的过程中，需要考虑自然环境和景观的细节，如绘制树叶时，需要考虑树叶的形态和质感变化，使用不同的笔触和颜色来表现。

二、掌握体块透视的方法

1. 掌握关于透视的基础知识

掌握一些关于体块透视的基础理论知识，例如：透视理论、变形理论、比例原则等。了解这些理论，有助于更加直观地理解空间和深度，提高绘画的准确性和真实性。

2. 练习绘制基础图形

绘制基础图形是掌握体块透视最基本的技能之一。可以从一些基础图形开始练习，如正方形、长方形、立方体等，要求能够清楚地体现出物体的形状、大小比例、立体感等要素（如图3-5-1所示）。

3. 练习绘制基础建筑

在掌握基础图形的基础上，可以开始练习基础建筑的绘制。这些建筑可以是一些简单的房屋或建筑物、城市街道、广场等。练习的重点是理解建筑物的基本结构和空间感，并将其准确表现在画面中（如图3-5-2所示）。

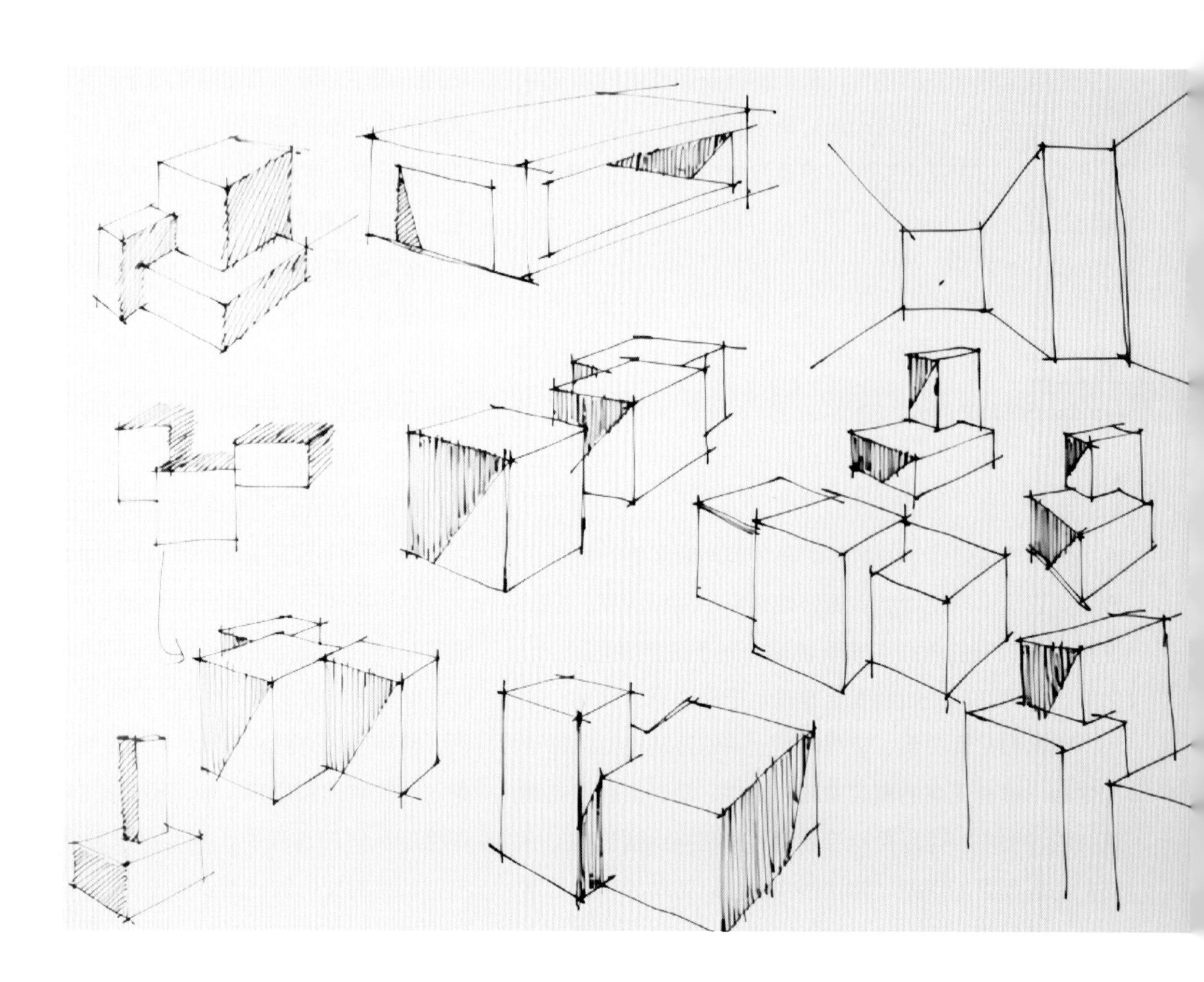

图3-5-1
基础图形练习

图3-5-2
红公馆建筑/张弢

4. 练习景深的表达

景深是建筑与风景速写中非常重要的概念。要想绘制出逼真的建筑和风景，就必须准确把握景深。因此，需要在练习中注重景深的表达，理解远近距离的比例变化、大小变化和色彩变化。在绘制场景时，可以将自然界中的景色作为素材进行练习，例如绘制一条河流、一座山峰等（如图3-5-3所示）。

在练习体块透视的过程中，需要有耐心并集中注意力。建议找一个安静舒适的环境，用40分钟的时间练习体块透视。坚持练习和不断尝试是提高体块透视技能的关键。在建筑与风景速写中，体块透视的练习需要一定的时间和耐心。熟练掌握透视关系，是绘制建筑与风景速写最有力的基础。

图3-5-3
重庆长寿古镇/
学生作品/田颖

✣ 本章小结

建筑与风景速写是一项需要长期练习和不断积累的技能，需要结合本章内容多加练习。

① 练习基础素描：建立良好的素描基础，掌握线条和阴影的表现方法。可以从绘制基础形状和简单建筑物入手，逐渐提高素描技能。

② 练习透视：学习透视原理和技巧，理解三维物体在二维平面的表现方式，练习绘制透视图和建筑物。

③ 练习构图：掌握构图原则和技巧，包括对画面结构的安排、物体的布局和角度选择等。

④ 练习细节表现：细节对于建筑与风景的表现非常重要，需要注重绘制建筑的各个部分和风景中的细节，例如窗户、树叶等。

⑤ 多样化练习：除了在室内练习基础技能，也可以到户外进行写生速写练习，练习不同光线、颜色和材质的表现。

⑥ 观察实体建筑与自然场景：观察现实中的建筑物和自然场景，有助于提高对建筑与风景的理解和表现能力。

⑦ 掌握多种画材和工具的使用方法：如铅笔、透明水彩、炭笔等，可以根据不同的绘画需求选择合适的画材和工具。

⑧ 练习走线和写生速写：练习直观地捕捉建筑和风景的主要特征和形态，熟练掌握走线技巧，能够绘制出充满生气和动感的速写。

⑨ 注重色彩表现：色彩对于建筑和风景的表现也非常重要，需要练习色彩运用和搭配，表现出建筑和风景的颜色、光影和氛围。

⑩ 培养观察力和想象力：练习建筑和风景速写不仅需要掌握技巧，还需要有对周围事物的观察力和想象力。需要学会看到平凡事物中的美和独特之处，并能够通过自己的想象力和创造力表现出来。

总体来说，建筑与风景速写的基础训练需要注重技巧，同时也需要注重观察、想象和创意。需要注重理论学习和实践练习相结合，坚持日积月累，才能不断提高技能水平。通过不断练习和积累，才能提高绘画技能和表现能力，创作出优秀的建筑与风景速写作品。

✣ 复习思考题

①“用线”在表达速写语言里尤为重要，大家该如何把握物象的实质?

② 画面构图之前需要注意哪些问题?

③ 人物速写各体块之间的透视关系有哪些?

✣ 扩展阅读

一、王澍

王澍，男，汉族，1963年11月4日出生于新疆乌鲁木齐市，著名建筑学家、建筑设计师，当代新人文建筑的代表性学者，中国新建筑运动中最具国际学术影响的领军人物。

2012年，王澍获得普利兹克建筑奖（Pritzker Architecture Prize），成为获得该奖项的第一个中国人。

位于中国美术学院象山校区的“水岸山居”，是王澍教授为学校设计的专家楼，也是他获得“建筑界诺贝尔奖”普利兹克奖后的第一件作品。建筑内设茶室、餐厅、客房。波浪形的黑瓦屋顶，黄色的土墙，水岸山居宛如水乡的长廊，又如山中的村落，该建筑利落的线条和回转的空间，也充满现代美感。在水岸山居这样一个实验性的建筑中，王澍既探索了生土材料，也尝试在一栋建筑中解决一个村落的设计，“它还是用建筑的方式，演绎中国传统的山水绘画和进入式结构。如果把这个建筑立起来，它就像一个山水立轴”。

水岸山居

水岸山居实景图

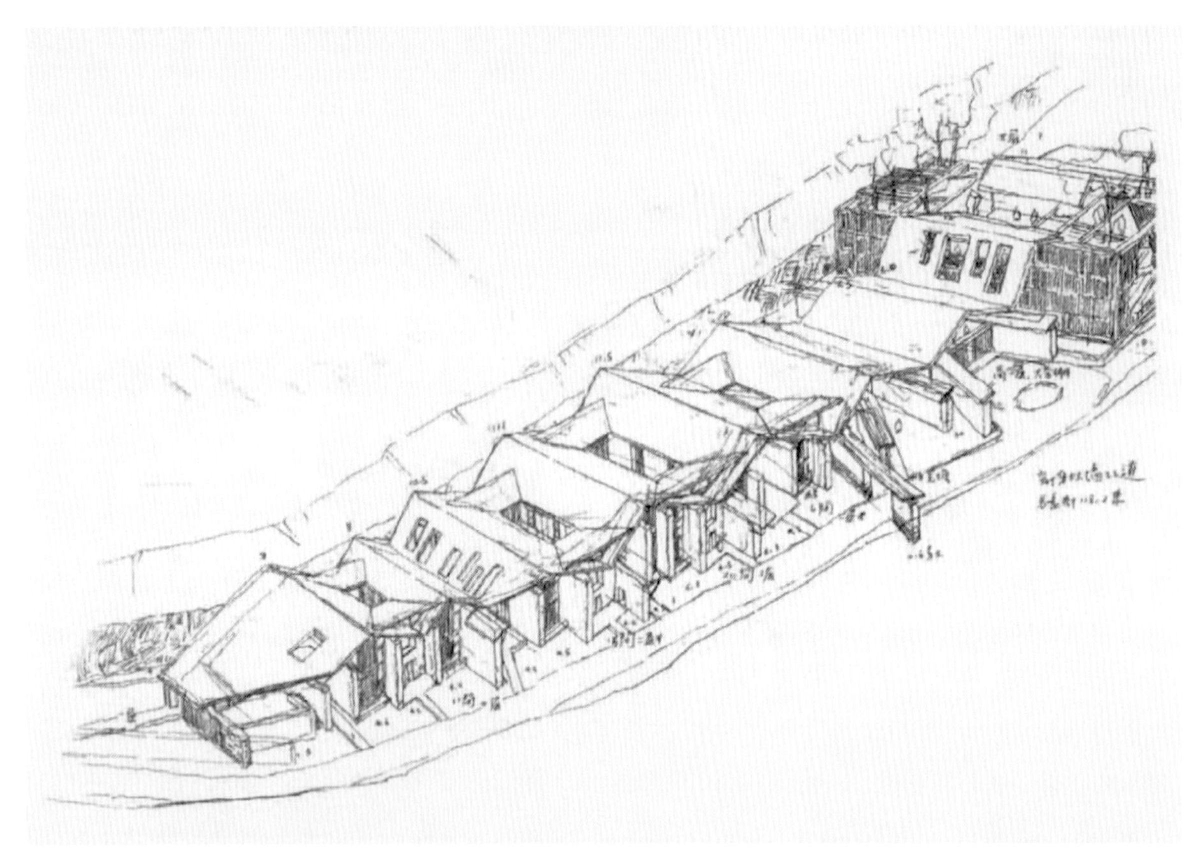

王澍设计手绘图（一）

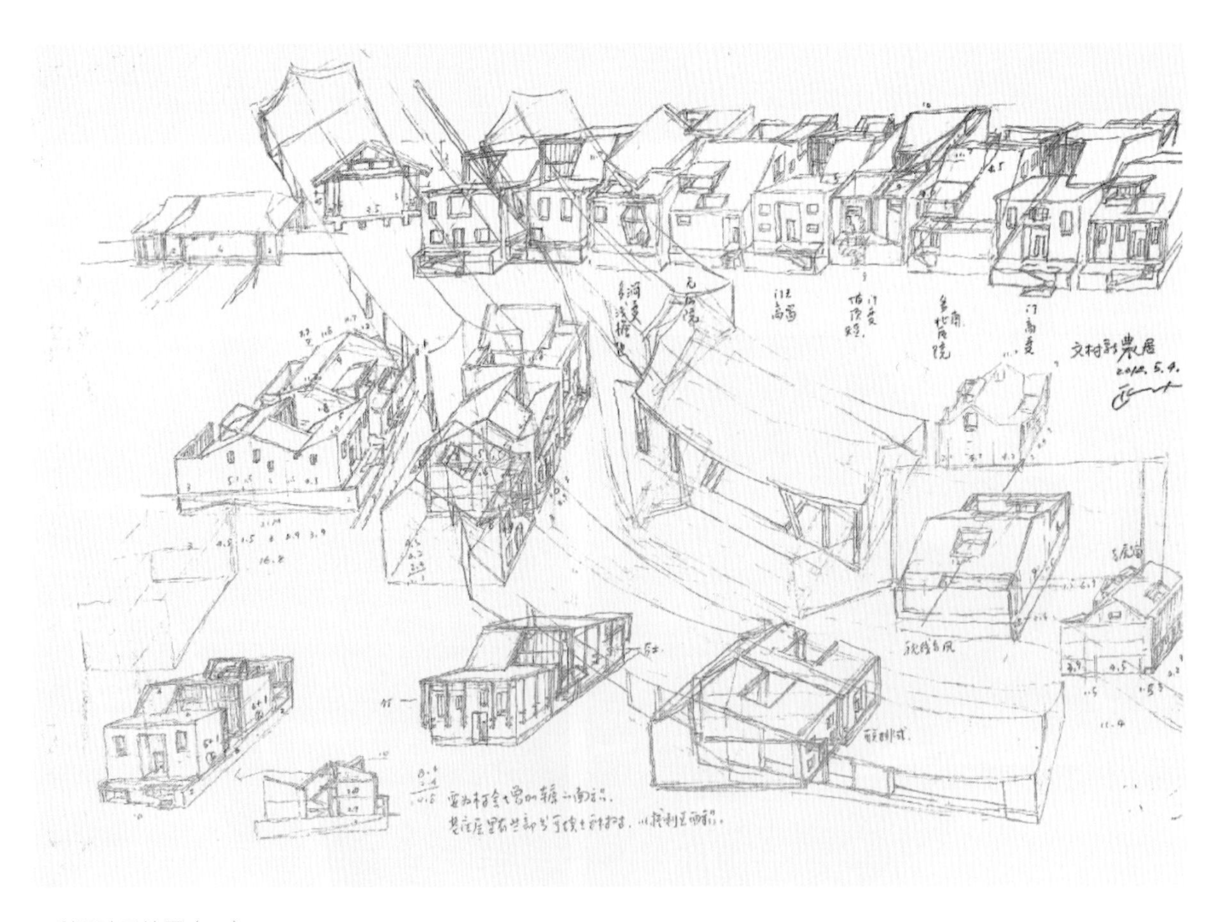

王澍设计手绘图（二）

二、弗兰克·盖里

弗兰克·盖里（Frank Owen Gehry）1929年2月28日生于加拿大多伦多的一个犹太人家庭，17岁后移民美国加利福尼亚，成为当代著名的解构主义建筑师，以设计具有奇特不规则曲线造型雕塑般外观的建筑而著称。盖里的设计风格源自晚期现代主义（late modernism），其中最著名的建筑是位于西班牙毕尔巴鄂，有着钛金属屋顶的毕尔巴鄂古根海姆博物馆（Museo Guggenheim Bilbao）。

毕尔巴鄂古根海姆博物馆在1997年正式落成启用，它是工业城市毕尔巴鄂（Bilbao）整个城市更新计划中的一环，以奇美的造型、特异的结构和崭新的材料博得举世瞩目。整个结构体借助电脑软件逐步设计而成。在建材方面使用玻璃、钢和石灰岩，部分表面还包覆钛金属，与该市长久以来的造船业传统遥相呼应。博物馆全部面积占地24000平方米，用于陈列的空间则有11000平方米，分成十九个展示厅，其中一间还是全世界最大的艺廊之一，面积为3900平方米。这座建筑吸引许多人前来毕尔巴鄂参观。该博物馆推动了当地经济的发展，也为该市带来新生。

盖里广泛吸取来自艺术界的抽象片断和城市环境等方面的精华。他的大部分作品中很少掺杂社会化和意识形态的东西。他通常使用多角平面、倾斜的结构、倒转的形式以及多种物质形式，并将视觉效应运用到设计中。如荷兰国民人寿保险公司大楼，盖里使用断裂几何图形以打破传统习俗，对他而言断裂意味着探索一种不明确的社会秩序。

在许多实例中，盖里将形式脱离于功能，所建立的不是一种整体的建筑结构，而是一种成功的想法和抽象的城市结构。在许多方面，他把建筑工作当成雕刻一样对待，这种三维结构图通过集中处理就拥有多种形式。艺术是盖里的灵感发源地，他对艺术的兴趣可以从他的

毕尔巴鄂古根海姆博物馆盖里手绘稿

建筑作品中了解到。同时，艺术使他初次使用开放的建筑结构，并让人觉得是一种无形的改变，而非刻意。盖里设计的建筑通常是超现实的、抽象的，偶尔还会使人深感迷惑，因此它所传递的信息常常使人误解。虽然如此，盖里设计的建筑还是呈现出独特、高贵和神秘的气息。

盖里在建筑和艺术之间找到了共鸣，明显与模糊、自然与人工、新与旧、晦暗与透明、堵塞与空旷等是盖里的作品与其他建筑作品最为明晰的对照，因此盖里被誉为“建筑界的毕加索”。

弗兰克·盖里的作品深受洛杉矶城市文化及当地激进艺术家的影响，盖里早期的设计意在探讨铁丝网、波形板、加工粗糙的金属板等廉价材料在建筑上的运用，并采取拼贴、混杂、并置、错位、模糊边界、去中心化、非等级化、无向度性等各种手段，挑战人们既定的建筑价值观和被捆缚的想象力。其作品在建筑界不断引发轩然大波，爱之者誉之为天才，恨之者毁之为垃圾，盖里则一如既往，创造力汹涌澎湃，势不可挡。终于，越来越多的人接受了盖里，理解了盖里，并日益认识到盖里的创作对于这个世界的价值。

毕尔巴鄂古根海姆博物馆实景

荷兰国民人寿保险公司大楼实景

荷兰国民人寿保险公司
大楼手绘稿

第四章 植物与人物速写专项

◈ 学习目标

植物与人物表达是建筑与风景速写中重要的一环，对植物与人物进行处理，可以对场景的表现起到画龙点睛的作用。要想画好植物与人物，首先要了解观察植物与人物的结构、质感、纹理与细节，不断练习并加以运用，了解各种表现手法的要点，临摹优秀作品，在学习中观察，在观察中学习。

◈ 能力目标

掌握植物与人物的基本绘画方式，通过不断练习来提升绘画水平和速度，同时将植物与人物的绘制融入环境，做到可以通过表现手法将植物、人物活灵活现地表达出来。同时利用植物与人物对画面进行更加精细的表达处理。

◈ 知识目标

① 植物细节刻画与专项表达能力。

② 人物细节刻画与速写练习。

③ 植物与人物在环境场景中的融合表现能力。

第一节
植物速写基本方法

人们的生活离不开植物。植物不仅为人们提供氧气和食物，还有很多其他重要的作用。植物对维持生态平衡很重要，它们可以吸收大气中的二氧化碳，并通过光合作用产生氧气，同时，植物也通过光合作用给土壤带来能量，这些能量转换成各种营养物质滋养土壤中的生物，形成与其他生物的共生。植物还有非常重要的生态保护功能，它们可以减缓水的流速，减弱洪灾，对鱼类和其他水生生物的生存环境有重要影响。此外，植物还有很多医疗、食品、工业和化学等方面的用途，它们可以用来制作药物、营养物质、纤维，还能转化成能源。

植物速写或以植物为主题的速写（图4-1-1、图4-1-2）是一种以生动快捷的方式记录植物的表现方法，植物速写的绘画方法如下。

1. 观察植物

无论是在户外还是室内，观察植物的形态、颜色和细节特征是进行植物速写的重要基础。绘制之前，先从整体上观察一下植物，包括生长习性、叶子形态、花朵结构等。在观察的过程中，要注意植物生长的环境，以及周围的植物和其他物体对植物的影响。根据需要，收紧视线，仔细观察植物各个部分的细节，如叶脉、叶片纹理、花瓣的细节等。观察植物的色彩，包括叶子的颜色、花瓣的颜色等。要注意光线的影响，光线强烈或者柔和，都会影响植物的色彩。

2. 感受植物的质地

植物的质地分为粗糙、细腻、光亮等多种类型，用手触摸一下，可以更好地感受植物的质地，还需要注意植物的生长环境和季节变化对植物外观的影响。

3. 熟练运用画笔

初学者可以先用铅笔构图，然后再逐渐掌握线条、色彩和阴影等表现技巧。运笔是速写中非常重要的一项技巧。植物速写运笔的一些基本方法，包括构图、点与

图4-1-1 植物场景速写（一）/张弢

图4-1-2 植物场景速写（二）/张弢

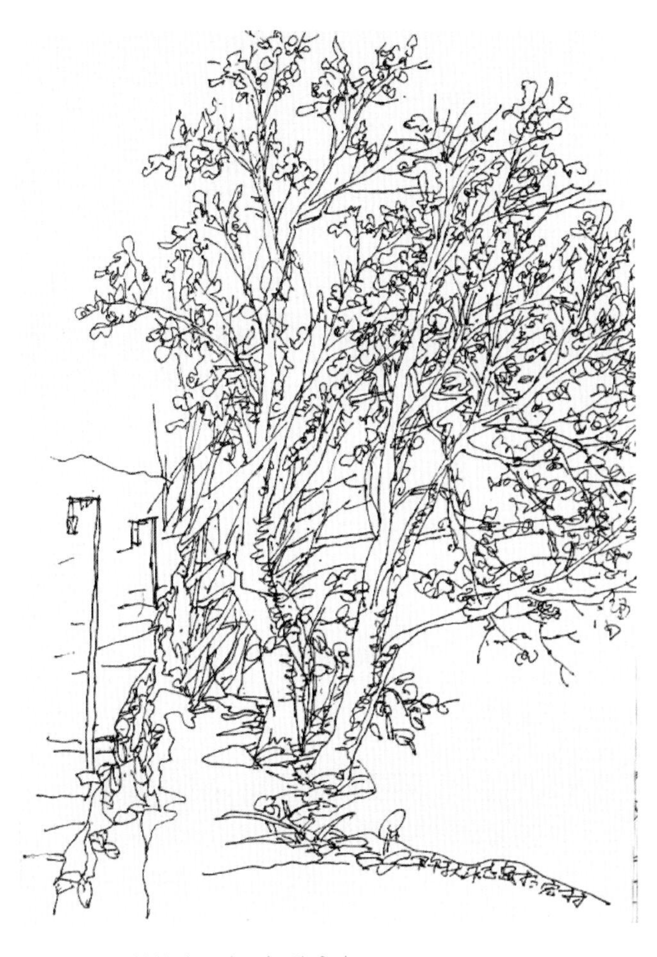

图4-1-3　植物速写（一）/张永志

图4-1-4　植物速写（二）/张永志

线的塑造、眼观手画、利用渐变等。植物速写的关键在于快速记录所见所想，因此在构图时应该短时间内迅速地在纸上画出轮廓和基本形状，然后立即开始填充细节。植物速写常使用点和线条来表现植物的形态和细节，塑造植物特征。可以使用不同粗细、不同颜色的画笔或者简单的铅笔来塑造形态。通过线条来表现植物的轮廓、分叉形态等结构特征，通过点来表现植物的纹理特征，不必一一呈现每一条脉络，而是选取重点来表现。植物的特征和纹理都非常复杂，因此在画植物速写时应该采取“眼观手画”的方法。仔细观察植物的形态和细节，然后通过速写来表达。渐变和阴影可以帮助表现植物的形态和细节，增强画面的层次感和表现力，使画面更加生动。在画植物速写的过程中，可以使用笔尖等各种绘画工具来实现渐变和阴影效果（如图4-1-3、图4-1-4所示）。

4. 简化和提炼

植物速写需要快速、简单地表现植物的特征，可以先快速勾画出大体的形状和各部分的比例，再逐步加入细节和颜色，提炼出植物的主要特征。在绘制植物时可以采用简化和提炼的方法使画面更加简洁明了。一般情况下，植物的形态比较复杂，因此在绘制植物速写时可以通过简化植物形态来降低绘画难度。例如，可以仅仅画出植物的主干和主要的枝干，而不需要一一呈现每个细节。每种植物都有自己的特征，这些特征是植物速写中不可或缺的一部分。因此，在绘制植物速写时可以通过提炼植物的关键特征来突出植物的特性。例如，可以注重描绘一些有特色的部位，比如说植物的叶子、花朵等。植物的纹理和颜色非常复杂，因此在绘制植物速写时可以简化其纹理和颜色而聚焦植物更重要的特征。可以运用不同粗细、不同颜色的画笔或者简单的铅笔，利用点和线条来表达植物的主导性特征，而不是一一呈现每一条脉络，要尽量选取重点来表现。在植物速写中，恰当留白可以创造更舒适的画面，让画面的重点得到更好的突显，同时具有增加画面协调性的效果。例如，运用留白技巧可以简化植物的背景，集中表达植物的形态和特征。植物速写中的简化和提炼技巧，是在保证植物特征和形态准确的基础上，让画面更加简洁且有重点。

5. 注重光影效果

光线和阴影对植物的表现非常重要，不仅可以表现植物的结构和形态，还可以凸显植物的立体感和生命气息。适当地运用明暗，可以让植物看起来更有光泽感和立体感。在处理植物速写的光影效果时，首先需要观察光源的位置和方向。这样可以确定植物的明暗分布和光影效果的表现方式。光源的位置和方向决定了植物在画面中的光影效果，从而使植物在画面中有生动的光影表现。若光源位置难以辨认，则可以设想一个统一的光源，并以此来完成植物的光影表现。植物表面的光泽、蜡质等因素会影响它们的反射率和折射率，在光线下表现出不同的光影效果。在处理植物速写的光影效果时，要根据植物表面的不同质感，进一步表现出明暗的层次感。可以利用正反面的光线使植物表现出立体感。光源光线的角度会决定照亮物体和暗部所占比例的大小，这也就决定了光影效果的明度和鲜艳度。植物速写中的黑暗阴影要尽可能避免单调的染黑，应该遵循从深到浅的原则。黑暗阴影可以用晕染方式表现，突出植物的立体感。色彩的对比对于光影效果的表现有很大的影响。适当地改变色相、明度、对比度、饱和度等要素，可以使画面更加生动、自然、具有质感和动感，使植物速写的光影效果更加出色。在处理植物速写光影效果时，需要全面考虑光源的位置和方向、明暗层次感、黑暗阴影、色彩对比等因素，使画面表现更加准确、生动和自然（如图4-1-5所示）。

图4-1-5　植物速写练习（光影效果）

6. 注重色彩表现

植物的颜色多种多样，需要适当地调配色彩来表现植物特有的颜色和质感。根据对植物外观和环境色彩的观察，来选择适当的颜色和色调。色彩关系对于表现植物的质感和生命力非常重要，良好的色彩关系可以让植物显得更加鲜活、丰富和层次分明。在进行植物速写之前需要先观察植物，了解它的色彩组合和调性。观察植物的颜色、变化和明暗色调之间的差别。植物的颜色往往比较丰富，在进行植物速写时，应该捕捉和呈现这种丰富的色彩特性。色彩对比是表现植物速写中色彩关系的有效技巧之一。在画植物时，可以利用色调、色相、亮度、饱和度等一系列色彩要素的变化及色彩对比，达到突出主体和强化画面层次的目的。选择合适的色彩组合可以使画面显得更加和谐。在处理植物速写时，需要考虑整体色彩的平衡，可以使用一些颜色搭配技巧，如主色调与辅色调的搭配、色彩的混合、互补色搭配等技巧，使整个画面色彩和谐统一。植物速写中，植物的明亮部位和暗部也很重要。适当运用色彩的明度变换，可以更好地表现植物的阴暗面和立体感。例如，可以使用干湿画法表现植物的光影变化，还可以使用明度较低的暗色调营造植物的阴影部分，使植物的轮廓更加明显。植物速写的表现不仅要注意体现植物的真实感，还要注意其图形的平面感。选择色彩和处理色彩关系时，需要注意表现出植物的形状与平面的关系，使植物更有立体感。处理植物速写中的色彩关系需要全面考虑植物的枝干、花朵、果实、叶片等部分在色彩上的特性和差别，通过色彩对比及搭配，让植物的色彩变化更加鲜明、层次分明，以达到表现其质感和生命力的效果。

7. 打破模式

绘画过程中可以尝试不同的表现方式和角度，例如换个视角，或者使用不同的颜料和画笔，来表现同一个植物的不同形态和特征。在植物速写中打破模式并表现出创意，主要是从视角、构图、线条、色彩四个方面入手。不必局限于常规的做法和拍照的视角。可以尝试用更加创新的视角来表现植物，如鸟瞰视角、蛙视角、虫视角，将植物的各个部分呈现在视野中，打破常规的视觉表现方式，使作品更加有视觉冲击力。构图是表现创意的重要因素之一。在植物速写中，可以采取不同的构图方式，如对称构图、反对称构图、斜视构图等，以突出主题，凸显植物的美丽之处，达到更好的视觉效果。线条的运用可以表现出不同的情感和感觉，可以用细密或粗糙的线条，利用各种线条组合来表现植物的形态和特点，并营造出不同的氛围与感受（如图4-1-6所示）。

可以用细线刻画植物的柔和和细腻之处，用粗笔描绘植物的粗犷和厚重之感。在植物速写中，色彩的处理也可以是表现创意的一种方式。可以搭配使用对比色，灵活运用明暗对比，形成独特的色彩调性和画面氛围，或者采用抽象表现方式来展示植物的美感。此外，可以运用无色背景、单色背景等方式来构建画面，以凸显植物的特质和美感。打破模式，需要我们具有更强的创意和审美能力，多方面尝试创新构思和表现方式，不断摸索和进步，才能创造出真正有创意的植物速写。

总体来说，植物速写需要注重观察，学会运用绘画技巧和色彩表现等，不断练习才能提高植物速写的技能和表现水平。

图4-1-6　场景速写/杜音然

第二节
植物速写练习

想要画好植物速写，需要注意以下几个方面。

1. 打好基础

练习植物速写之前，需要先打好基础，掌握一些基础的绘画技巧和知识，如素描、色彩、透视等，这样才能更好地完成作品。

2. 学习植物知识

要画好植物速写，需要学习基本的植物知识，如了解树、花、草的形态、结构等，这样在画植物时才能更准确地把握其特征和形态。

3. 观察植物

观察是练习植物速写的基础，要仔细观察植物在真实环境中的形态、色彩和细节，从而更好地对其进行刻画。可以去植物园、公园或户外开展实地考察，并拍下照片进行参考（如图4-2-1所示）。

4. 提升手速

提升手速可以减少过度思考的情况，尽可能地迅速完成，从而提高操作的流畅性和准确性。速写可用简笔画、线描、水彩、铅笔等绘画方式完成。

5. 多加练习

想要在植物速写中有所进步，必须要多加练习，不断摸索和尝试，丰富自己的创作技巧和表现方式。平时可以画一些简单的小植物，确定色彩和构图，深入思考如何表现植物的特色（如图4-2-2~图4-2-4所示）。

要想在植物速写上有所突破，需要不断地积累经验和知识，在实践中总结规律，不断地探索和创新。请完成以下植物速写练习，如图4-2-5~图4-2-7所示。

图4-2-1 太行山植物/张弢

图4-2-2　植物叶片练习

图4-2-3　植物枝叶练习

图4-2-4　单株植物练习

图4-2-5
植物速写练习
（一）

图4-2-6
植物速写练习
（二）

图4-2-7
植物速写练习
（三）

第三节
人物速写基本方法

人物速写是一种可以快速捕捉人物形象和氛围的绘画技能，它包括简单姿态、手势、动态、表情、服饰和场景等人物形象要素的表现。人物速写的意义在于彰显个性、提高技能和自信、丰富生活等。描绘人物需要观察细节，抓住个性特征和动态。人物速写需要掌握快速创作的技巧，可以在3~5分钟内完成。这意味着可以更高效地捕捉灵感，将创作思路转化为艺术作品。因创作时间较短，所以能够充分把握人物的个性和性格特征。这些个性特征可以在绘画中体现，从而使绘画更富有个性和表现力。绘画是一种技巧性很强的艺术形式。通过刻意的练习和尝试，能够不断提高自己的技能和技巧，同时也能够建立自信，更好地创造和表达自己的创意。人物速写可以记录日常生活中的点滴，成为生活的一部分。人物速写也可以在旅行途中和社交场合创作，用画笔记录下形形色色的人物，保留各个精彩的瞬间（如图4-3-1、图4-3-2所示）。

人物速写是在短时间内通过简单快速的手法迅速记录人物的形象特点和所处氛围，注重描绘人物的线条、动态、姿态、面部表情以及服饰造型等要素。下面是人物速写的技巧方法与注意事项。

1. 技巧方法

（1）注重整体感受

在绘画开始前需要先全面感受形态、姿态、动态、情绪等，把握人物整体的情感和氛围。

（2）从整体到局部

在绘制人物速写之前，需要先设计构图，画出人物的主体部分和线条，随后逐渐画局部，形成整体。

图4-3-1
人物速写（一）

图4-3-2
人物速写（二）

（3）画面界限把握

这是人物速写中最关键的一点，需要明确画面的边界，尽可能充分利用画纸，在可掌握的范围内将线条和颜色发挥到极致。

2. 注意事项

（1）全神贯注

在作画时需要全神贯注，专注于形态、姿态、动态、情绪等信息，尽可能多地观察，避免草率而快速地勾勒。

（2）色彩表现

虽然人物速写注重线条，但色彩在快速表现人物特征和氛围中也尤为重要，尤其是肌肤的色彩和服饰的颜色对于人物形象塑造至关重要。

（3）掌握速度

在人物速写中要通过勾勒、皴染等手法尽可能快速地完成作品，这需要不断练习，找到适合自己的速度与方法。

人物速写是一项需要长时间练习的技艺，只有在较多的实践中积累经验，掌握基本技术，才能达到较高的水平。

第四节
人物速写练习

人物速写的绘制步骤有观察人物姿态、快速勾勒轮廓、添加动态线条等，具体如下。

1. 观察人物姿态

在开始绘画前，首先要观察人物姿态，包括身体的位置、重心、角度等。注意观察人物的动态，可抓住一个瞬间进行表现。

2. 快速勾勒轮廓

用铅笔、炭笔或者钢笔轻轻勾勒出人物的轮廓，在这个过程中可以动态地调整线条和比例。

3. 添加动态线条

在绘制好轮廓的基础上，加入人物的动态线条，包括手臂、腿部等的动态线条。

4. 突出人物特征

观察人物的面部表情、服装、身体特征等，用简单粗略的线条表现出来，突出人物个性特征。

5. 添加阴影和细节

在已经勾勒好的轮廓和线条基础上，用短线、交叉线或者板块状的线条，描绘出黑暗和明亮的部分。定义一些重要的细节，如眼睛、面部特征和服装上的褶皱，以便更好地表现出人物的特征和所处氛围。

6. 反复修改和改进

在整个绘画过程中，绘画者需要不断地微调比例和线条，修复错误和不符合预期的部分，直到达到最终效果。

人物速写的特点主要是快速性和动态感强烈，要注重效率和眼力。练习人物速写需要不断地尝试，磨炼技巧。建议进行短时间内的多个练习，以提高绘制速度和精度。此外，需要多参考现实生活中的人物，观察姿态和表情，持之以恒，从而提高人物速写的绘制水平并形成自己的独特风格。

请完成以下人物速写练习，如图4-4-1~图4-4-3所示。

图4-4-1
人物速写练习
（一）/张弢

图4-4-2
人物速写练习
（二）学生作品

图4-4-3
人物速写练习
（三）学生作品

第五节
环境场景速写练习

环境场景速写练习需要注意以下几点。

1. 观察场景

在开始绘画之前，需要观察场景中的植物和人物，注意其位置、姿态和表情等细节。

2. 选择画材

可以采用铅笔、炭笔、彩笔或水彩等材料，根据个人喜好和绘画风格选择合适的画材。

3. 快速勾勒场景

首先用轻柔的铅笔勾勒出整个场景的框架，包括植物和人物的大致位置和组合。此时应该注意植物的枝叶、花朵，人物的姿态和表情，以及整个场景的光影效果。

4. 添加细节

在框架的基础上，逐渐添加植物和人物的细节，如花朵、树叶、人物的面部特征等。需要注意的是，要根据光线的方向和强度，准确地表现出植物和人物的阴影和明暗效果。

5. 着色和渲染

植物的颜色要根据实际情况进行适当调整，比如不同的植物会有不同的花朵和树叶的颜色。人物服装的颜色也要根据材质和光线的映射情况进行适当渲染。

6. 修饰和完善

在整个场景的绘制过程中，建议不断地进行微调和修饰，以取得更加逼真和自然的效果。例如，可以添加一些自然情境下的细节，如小鸟、树干以及草地等。

带植物与人物的场景速写需要注意细节，多进行实践练习，在练习过程中可以根据自身喜好和风格进行适当调整和改进。

请完成以下环境场景速写练习，如图4-5-1~图4-5-3所示。

图4-5-1
环境场景速写练习/学生作品（一）

图4-5-2
环境场景速写练习/学生作品（二）

图4-5-3
环境场景速写练习/学生作品（三）

✣ 本章小结

一、植物速写

① 观察植物的形态、质感和颜色等细节，了解其特点和生长环境。

② 确定植物的主干和枝条分支，使用快速轻柔的线条勾勒出植物的轮廓。

③ 逐渐添加植物的细节，如花朵、叶子、果实等，注意表现植物的光影效果和质感。

④ 根据实际情况，使用不同的颜色和材料进行着色和渲染，强调植物的魅力和特点。

二、人物速写

① 观察人物的身体姿态、面部特征和表情等细节，把握人物的性格和动态。

② 使用快速轻柔的线条勾勒出人物的基本轮廓和身体比例，注意线条的流畅性和平衡感。

③ 逐渐添加人物的细节，如五官、头发、衣着等，强调人物的特点和个性。

④ 根据实际情况，使用不同的颜色和材料进行着色和渲染，表现人物的气质和情感。

植物速写与人物速写是建筑与风景速写的重要组成部分，深入描绘植物和人物的形态、质感和特点，是绘画学习的基础。在进行植物和人物速写的过程中，需要注重观察、构图、线条和细节表现等方面，加强对形象和颜色的掌控力，从而提高绘画的审美水平和实际应用能力。

✣ 复习思考题

① 速写中怎样利用穿插关系表示空间?

② 人物配景的布局要点是什么?

③ 速写中的人物动态如何掌握?

✣ 扩展阅读

一、南昌市鱼尾洲公园 | 土人景观

在中国中东部长江洪泛平原的南昌市，土人景观将一片面积51公顷、严重受污染的水产养殖塘改造成了一片梦幻般的漂浮森林。它为野生动物提供了栖息地，为城市补充了一系列的公共空间，并为当地居民提供了一种与自然联系的新方式。所有这些都赋予了城市新区独特的身份，并促进了周边地区的城市发展。

该项目占地51公顷，是从自然湿地中开垦出来的养鱼场，其中大约30%的土地用于填埋周围发电厂的粉煤灰废料。由于粉煤灰的填埋和鱼饲料的过度使用，城市径流和地表水都受到了严重的污染。该公园提供多种生态系统服务，包括城市洪水调节、水的过滤净化、为鸟类和其他野生动物提供栖息地、为市民提供高质量的休闲活动公共空间。该项目促进了城市的开发，为许多快速发展的季风区城市和地区提供了成功的范例。

为了应对季风区城市面临的共同挑战和该地区的独特挑战，土人景观将垃圾场改造成"宝石湖"。受在沼泽地上耕作的垛田和挖填技术以及漂浮花园系统的启发，设计师将倾倒在现场的粉煤灰回收利用，并与鱼塘塘基的泥土掺合，形成了许多小岛。与此同时建成了一个能容纳可蓄洪100万立方米的湖泊。

设计策略1：与水共生的森林

受鄱阳湖地区季风气候下形成的洪泛适应性湖沼湿地的启发，选择能够在水位涨落影响下生存的树种，包括落羽杉、池杉和水杉。受水位变化的影响，湖泊经常暴露出贫瘠泥泞的水岸线，因此在水岸线和岛屿边缘种植了多年生和一年生的湿生植物，并用大量荷、莲等植物覆盖湖泊水面，形成了湿地水生环境。

设计策略2：一片城水交错的活力水岸

项目中部的水上森林在每年的汛期都会被淹没，形成的消落带景观使市民在高密度的城区可以感受到一片"野性"的沼泽湿地风貌。与此同时，环湖的滨水区域可以为市民提供较大的休闲空间，其中有自然游乐场、沙滩、涌泉和草坪。项目周边则利用梯田、人工湿地过滤和净化城市汇入的地表径流。

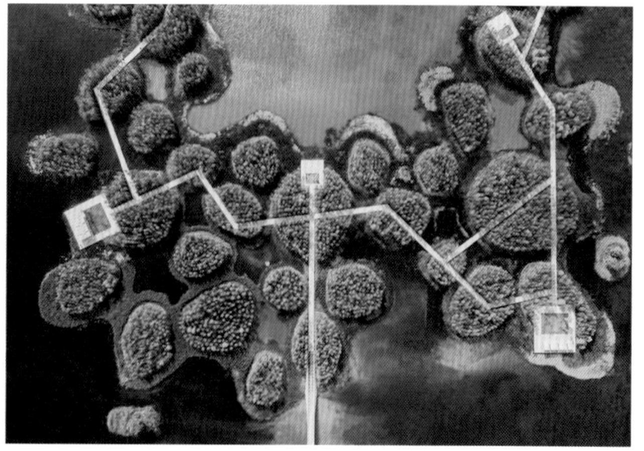

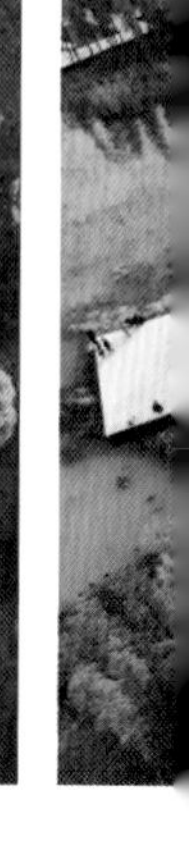

公园鸟瞰

设计策略3：一个与水交融的湿地秘境

公园周边环绕了自行车道和亲水步道，环绕的步行道和平台体系为游客提供了多处通往森林岛屿的林荫通道，形成了无数探索湿地秘境的空间。亲水步道在汛期会被淹没，湿地秘境在一年中有几天会无法进入。虽然环形人行道位于一定的洪水线之下，但步道和平台皆由预制混凝土制成，并架空在地面和水面之上，浸水后可以很容易地清洗干净，而秘境中的长凳也是由耐水浸泡的铝材制成的。

设计策略4：现代设计语境下的空间焦点

设计师精心布置的桥梁、平台、亭台楼阁和观景塔，成为场地上独具吸引力的景观。该项目的现代设计语言，为这座2000多年的古城带来了当下的设计之美。设计中，穿孔铝板是建筑设施的主要材料，它与自然环境形成强烈对比，形成人工与自然鲜明的反差之美。在公园的主入口，一家自助餐厅与横跨六车道的步行桥融为一体，将鱼尾洲公园与邻近的艾溪湖公园紧密相连。

公园中的步道与平台

二、皮特 · 欧道夫

皮特 · 欧道夫（Piet Oudolf）出生于1944年，世界著名的植物种植设计师，威尼斯建筑大学客座教授。他的设计风格为种植设计带来了新变革，被称为植物设计新浪潮、新欧洲风格。

或许我们不必费尽心思地装饰自然，不必刻意逃避花的凋零、树的枯萎，因为最本真的自然变化就有一种惊心动魄的美。

——皮特 · 欧道夫

欧道夫花境本是一个多年生草甸，占地9亩（0.6公顷），拥有超过26000棵多年生草本植物。花园经过精心塑造和种植，不仅与古典园林相呼应，而且各种植物的组合也营造出松散感。

枯荣交替、四季更迭，在欧道夫花境，每个季节都有不同的美。春夏之际，这里有几千株花蕾含苞待放，每周都能看到不同种类的鲜花盛开，吸引了许多昆虫。草本植物和草坪则为这一片花海添加了一抹绿色。

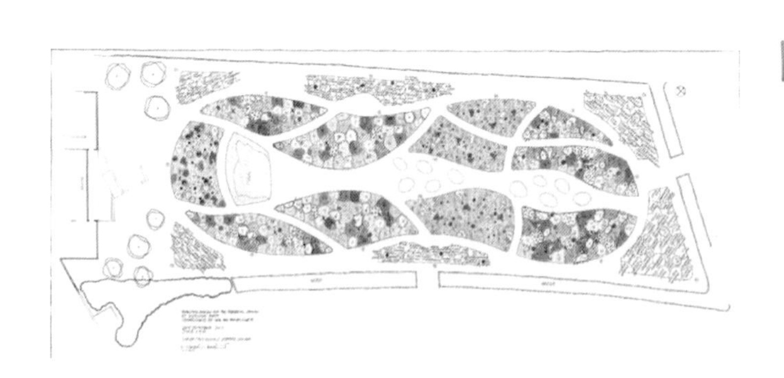

欧道夫花境设计手绘稿

欧道夫花境设计
实景图

第五章 山石与水景速写专项

◈ **学习目标**

山石与水景同植物、人物一样，是场景构造必不可少的一部分，要对山石和水景的形态有所了解，并能够通过线条将这种质感表达出来。了解山石和水景在建筑与风景速写中的作用，对山石和水景进行专项训练，可提高在这方面的表达能力。可以尝试去真实场景对山石与水景进行观察，从而在绘画中能更真实自然地表现其材质。

◈ **能力目标**

掌握山石、水景的绘制方式，不断练习以提高绘画水平与速度，将山石水体与植物人物结合，尝试对环境场景进行进一步的塑造来提高画面张力。

◈ **知识目标**

① 了解山石的质感与形态的塑造。

② 认识水体的塑造与手法。

③ 理解在环境场景下的山石与水体的刻画方式。

第一节
山石速写基本方法

一、山石的特点与功能

山石是自然界中既壮观又神秘的景观元素之一，它们不断被风雨侵蚀，展现着自然万物的独特之美。山石具有以下特点。

1. 山石具有自然美和历史感

山石的形成过程非常缓慢，它们经历了地质演化的漫长历程，蕴含着自然界的神秘力量，因此常常被视为自然美景的象征。同时，山石所传递出的历史感也能使人们在绘画与欣赏的过程中产生更深的思考与情感体验。

2. 山石能够表现出不同的文化内涵

山石不仅仅是自然景观和物质形态，更是有哲学价值和文化内涵的艺术符号，如山水画、佛教石窟和古典庭园设计等都与山石相关。

3. 山石有着独特的造型和质地，具有极高的美学价值

山石在形态和质地方面都非常独特，将其用于雕塑、装饰、建筑时，有时换一个角度，山石就会呈现出不同的姿态，具有凛冽峻峭、柔软婉约、优雅华贵等不同的美感效果。

二、山石的表现与作用

山石作为自然界中的景观元素，不仅具有自然之美与历史感，还具有不同的文化内涵和美学价值。在各个领域的艺术形式中，山石都能够发挥出它的独特作用，尤其在景观的创作中起到重要的作用。在绘画中，山石因其独特的造型被广泛地运用于山水画、花鸟画等绘画形式中，并且在园林艺术、雕塑、家居装饰等领域也都有着广泛的应用。山石在多个领域中的表现与作用有以下几点。

1. 在自然界中

山石是由于地壳板块的运动、岩层的抬升和侵蚀而形成的，是地质变迁的见证。山石在自然风光中作为基本构成元素，为人们提供了艺术创作的素材（如图5-1-1所示）。

2. 在绘画中

山石常作为背景或构图的基础，用于表现自然风光的恢宏、高峻或静谧、平和，使画面更加具有艺术感染力。

3. 在园林艺术中

山石常作为点缀物或互为映衬，以色、质、形、势、神等方面的对比，增加景观的层次与变化，从而让人感受到如画般的美感（如图5-1-2所示）。

4. 在雕塑中

艺术家常常选用单个或多个天然的石头进行雕刻。以山石为材料，通过雕刻造型，表达出艺术家独特的审美情趣（如图5-1-3所示）。

5. 在建筑装饰中

山石耐用、造型独特、有触感，常用作庭院、花园、走廊等的装饰元素。山石作为装饰品，不仅延续了中国古代的山石文化，而且深受现代人的喜爱。

由此可以看出，山石在自然风光、绘画、园林艺

图5-1-1　高家庄写生/张弢

图5-1-2　园林山石/张弢

图5-1-3　雕塑作品/亨利·摩尔

术、雕塑、装饰等多个方面都具有重要的表现与作用。

三、山石的绘制要点

绘制山石是速写中非常重要的一项练习，山石是景观图中很常见的元素，而且它们造型各异，质感明显，所以需要我们在速写中熟练掌握其绘制技巧。下面简单介绍山石的绘制要点。

1. 观察山石的整体形态和质感

我们需要先观察山石的整体形态和质感，并尝试理解其造型和纹理。例如，山石的表面通常有裂纹、沟壑和凹凸不平的肌理，我们可以通过观察并模仿这些细节来绘制出更真实的山石（如图5-1-4所示）。

2. 利用水笔的透明质地表现山石的质感

使用水笔可以创造出更为柔和的山石表面效果。我们可以用水笔淡淡地画出山石的轮廓，然后在压力比较小的情况下慢慢填充山石的内部，以模拟出山石凹凸不平的表面。

3. 使用线条变化和阴影表现山石的质感

利用线条的方向、粗细等变化，可以营造出山石的不同质感。同时，使用阴影也是一种很好的方式，着重勾勒山石的特殊部分，可使之更为立体。

4. 规划山石在画面中的位置和数量比例

在绘制山石的时候也要保证其与其他元素的协调和谐，以确保整个速写画面的平衡和自然。

5. 画出山石的基本框架

在开始绘制山石之前，需要粗略画出山石的基本形态和轮廓，可以使用简单的几何形状来表示山石的大致形态。

6. 突出山石的特征

山石有着丰富的纹理和特征，在绘制时需要注意突出其特征。可使用笔画的变化、交叉、分叉等方法，更好地表现山石形态的复杂性。

7. 参考实景或照片

在绘制山石时，可以参考实景或照片来更好地理解山石的形态和纹理，并将其用于自己的速写中。

8. 利用层次加强画面的立体感

在画面的前中后三个层次描绘山石，搭配适当的阴影和高光，可加强画面的立体感。

在绘制山石时，需要在观察和模仿的基础上，利用各种绘画技巧和方法，勾勒出山石的形态和质感，熟练运用线条、阴影、水笔和水彩，使之更为真实、立体、有力。同时，为保证整个速写画面的协调和谐，山石在画面中的数量比例和位置也是要注意的（如图5-1-5、图5-1-6所示）。

图5-1-4
山石体块速写

图5-1-5
山石练习（一）

图5-1-6
山石练习（二）

第二节
山石速写练习

在速写中，山石的笔触和线条的描绘非常重要，能够直接影响到山石的形态和质感，下面从线条、笔触等方面详细介绍。

1. 线条的表现方式

山石的表现方式很多，可以通过线条来表现它的形态和特征。画线时要注意山石的形态特征和特殊部分，用不同的线条将其描绘出来，更好地展现出山石的纹理和形态。粗重的线条常用于表现山石的粗糙纹理和变化，细腻的线条则用于表现光滑细腻的山石表面。可以使用斜线、短线、点线等不同的线条类型来表现山石的不同特征。

2. 线条的粗细

粗细不一的线条可以强调山石不同部位的凸凹变化，突出山石的质感特征，也能增加画面的层次感和立体感。需要注意的是，在绘制时要根据山石的大小来选择线条的粗细。通常情况下，大型、较重的山石需要用较粗的线条描绘，而小型、轻盈的山石则需要用细线和精细的笔触来表现。

3. 笔触的描绘

在绘制山石时，笔触的描绘也非常重要，它可以展现出山石表面的纹理和肌理。粗糙的山石表面可以用粗重的笔触表现，而光滑的山石表面则需要用细腻的笔触来描绘。可以根据自己的感觉和具体造型使用点画、搓揉、拉长、挤压等多种笔触效果，让山石表面更具质感。笔触是描绘山石质感的关键因素之一。各种不同的笔触可以表现出不同的山石表面纹路和质感。常见的笔触包括点画、压感、阴影、拉长、挤压、搓揉等，可以根据所描绘山石表面的特点来选择和使用。

4. 线条的方向

在绘制山石时，要根据山石的形态和表面特点来确定线条的方向，正确选择线条方向可以更好地展现出山石的表面纹理和质感，使之更具真实感。因此，在速写中可以使用不同的线条来表现山石不同方位的纹理，以突出山石表面的立体感和真实感。

5. 阴影和高光的处理

阴影和高光处理得当能够使山石更加立体，可以使用黑白分明的线条来表现阴影和高光的变化，也可以使用水笔或彩笔的混合效果来加强阴影和高光的表现，以增加山石的立体感和真实感，使画面具有更加和谐的整体效果。

山石的描绘需要根据其形态和质感特点，结合自己的观感和创意，选择不同粗细、方向的线条，更好地呈现出山石的形象。山石的笔触和线条可以表现山石的各种特征和质感，是速写中非常重要的练习之一，在速写过程中需要合理运用不同类型的线条，利用其粗细、方向等的变化，来表现不同的山石形态和质感特征，让作品更加真实和富有魅力。

请完成以下山石速写练习，如图5-2-1~图5-2-3所示。

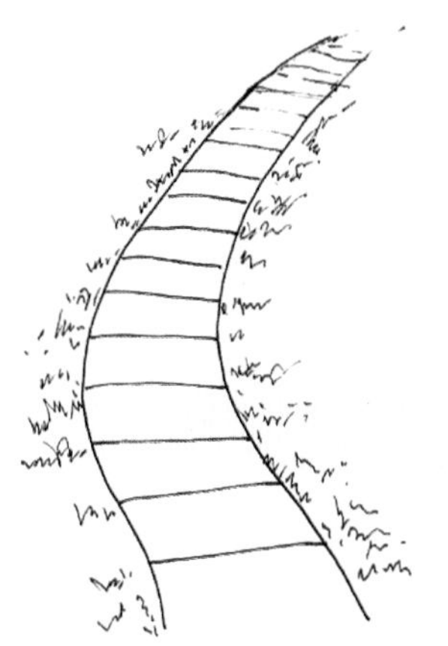

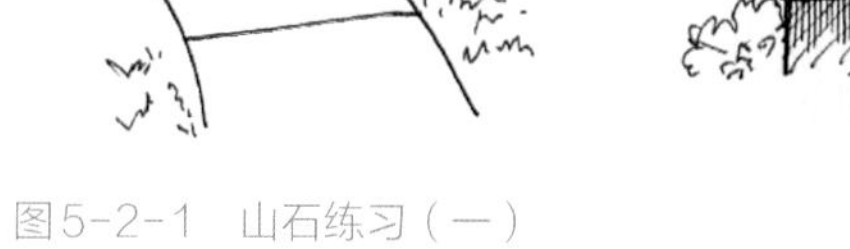

图5-2-1　山石练习（一）

图5-2-2
山石练习（二）

图5-2-3
山石练习（三）

第三节
水景速写基本方法

一、水景概述

水体和水景是构成自然景观的重要元素之一，在自然景观和人工景观中都起着重要的作用。

1. 水体

水体是指地球表面上的水资源，包括海洋、江河、湖泊、水库、沼泽、池塘、泉水等各种形式的水。水在自然界中是一种非常重要的资源，它不仅是大自然中生命的基础之一，而且也是支撑人类社会发展的重要基础资源。

水体可以通过各种方式运用到景观设计当中。比如，在自然景观中，水体可以起到滋养植物生长、丰富自然风光等多种作用，可以与地形、植被结合形成优美的自然景观。在人工景观中，水体可以作为人工湖泊、娱乐水域、游泳池等，为人们的娱乐休闲活动提供基础，或者在城市中起到集雨、蓄水、调节气温等作用。

2. 水景

水景是指利用景观和建筑等打造出来的人工美化水

体的一种景观形式，同时也是生态复合体的一种。包括人工湖泊、喷泉、流水、瀑布、水幕墙等。水景通过模拟大自然中的水体景观，起到美化环境、增加观赏价值的作用。

在景观与室内设计中，水景具有以下功能。

① 增加美感。水景的流水、飞溅等活泼的形态与声音给人们带来宁静美好的感觉。

② 提高观赏价值。水景可以起到增加景观品质和拓展景区的作用。

③ 改善环境。水景所形成的环境可改善城市居民的生活氛围、调节室外气温以及吸附空气中的尘埃和有害物质。

水体和水景在景观设计中都起着重要的作用，成为自然景观和人工景观中不可或缺的重要元素。利用好水体和水景，不仅可以丰富景观设计的内容和意义，而且可以让人们更好地享受到大自然的美好。

二、水景的绘制要点

在速写中绘制水体和水景，需要注意以下几个方面。

1. 绘制水的形态和流动

水是一种非常动态的元素，在速写中需要通过线条和形态来表现水的特征。描绘水的流动可以使用弯曲的线条，表现出水的曲折和翻滚的动态。速写可以迅速捕捉到水的特征，并表现出它的形态、质地等特性，更加真实地表现出大自然的美。在绘制水体前，需要先观察水体的形态和色彩特征，包括水面波纹、颜色、反光、水边等。在速写中，首先需要画出水体的轮廓线，可以使用短线、长线等方式勾勒出水体的边缘，并尽量还原真实的形态。水的颜色因种类不同、天气不同而有所区别，可以根据具体绘画对象的特点进行描绘，一般可以使用水笔或水彩等绘画工具进行涂抹、褪色渲染（如图5-3-1所示）。

图5-3-1
水景速写

绘制流动的水需要仔细观察水流及水流的速度、流畅度等特征。在速写中，可以运用线条来表现出水流的走势、流速和流动的路径。一般来说，使用深浅渐变的线条来画水流，快速流动的水流则通常有弯曲、交错等特点。可以使用圆润的线条来表现水流表面波纹的弧度和效果。绘制流动的水体需要仔细观察、熟悉水体特性，使用线条、颜色等手法进行表现。而在速写中，需要迅速捕捉到水的特征，并尽可能地表现它的形态和特性，让观者能够更好地感受到水体流动的美丽和神韵。

2. 表现水的质感和颜色

水的质感和颜色是水体和水景速写中需要表现的关键特征之一。通过使用不同的线条、阴影和高光来表现水的光泽和清澈。同时，根据水的颜色和深浅来选择不同的蓝色调，在水面上使用浅蓝色和深蓝色描绘水面的变化。透明感是水体的特征之一，必须在速写中准确表现出来。最基本的方法是使用透明的绘画材料和笔触来表现透明感。比如使用水彩、绘画水粉等材料，通过应用明度与饱和度的渲染技巧，来表现水里面透入的阳光和周围环境的颜色和光线，这会让水的质感更为真实。水体的表面通常会有形态各异、大小不一的波纹等，表现这些特点可以增加水的丰富性和质感。常用的绘画技巧是使用快速狂乱的笔触和线条来表现波纹的形态，通过水彩的搭配来表现波纹的颜色、光线反射等。水体的质感主要是光影效果，必须正确表现水体表面的高光与阴影，以增强水体的视觉效果。可以利用水彩等材料绘制出阴影和高光，通过明暗调和来营造出光影的效果。不同时间、温度下的水体质感不同，可以使用颜色的变化和线条的不同粗细来表现水体的温度变化，使得绘画作品更具有逼真感和立体感。

速写中想要表现水体的质感，需要了解水体的各种特性，运用透明感、水波效果、光影效果等多种技巧把握节奏。同时需要善于观察并练习画面的构图、灰调和色彩搭配等技能，表达水体丰富的质感。

3. 表现水的反射和透明度

绘画中还需要考虑到水的反射和透明度。有光的水面会反射周围的景物，如天空、山川和树木等，可以使用淡色的水平线来表示。透明度的表现需要注意水的深浅变化，如深水和浅水的波浪和水底的石头会不同程度地影响水的透明度。反射是水体的特征之一，所以在速写中需要注意表现水体的反射情况。观察水面映照的周围环境，比如树木、天空、云朵、建筑等，并注意绘制它们的倒影。可以使用水彩等材料，通过涂抹背景颜色来表现环境在水面上折射出的颜色。水体的透明度通常表现为水体表面的透明度和水下景物的可见度。在速写中表现出水体的透明度，需要使用透明材料和技巧。可以使用水彩等油画材料，在水体表面模拟透明感。可以通过涂抹较淡的颜色或水粉，呈现出水体的半透明艺术效果。同时，需要注意渲染水下景物的细节，如鱼、水草、沉船等，在色彩、光线、形态等方面都要细致描绘，增加水体的透明感。要准确表现出水体的反射和透明度，需要使用轻柔、细腻的笔触来模拟水体的表面纹理和反射的光线。需要控制画笔的压力和笔触的细腻程度，让画面细腻且紧凑。同时，还要留意画面的灰度层次和色彩层次，增加画面的立体感和逼真感。

在速写中绘制水体反射和透明度时，需要注意细节和使用灰调色彩，突出水体特性，善于处理颜色和反射光，掌握绘制技巧，模拟水体线条和反射作用，让画面立体生动，富有表现力（如图5-3-2所示）。

4. 绘制不同种类的水景

速写中，还可以通过表现不同种类的水景，吸引观众的注意力并丰富画面。常见的水景包括瀑布、河流、湖泊、池塘等。绘制这些水景的时候需要注意它们的特点和风格以及周围的环境氛围等元素。在绘制瀑布时，可以使用连续的小波浪线来表现瀑布的水流，增强它的动态感和气势。在绘制河流时可以注意处理河边的树木和岩石来表现河流的特征。在绘制湖泊和池塘时，需要注意表现它们的平静和宁静。

在速写中绘制水体和水景需要注意到水的流动、质感、颜色、反射和透明度等因素，并根据所需要表现的水景元素选择不同的线条和手法。这样可以更好地表现出水景的特点和视觉魅力，增强速写的艺术效果（如图5-3-3所示）。

图5-3-2
溪水潺潺/张永志

图5-3-3
水景油画/马骏

第四节
水景速写练习

水体和水景的笔触和线条是速写中非常重要的绘制元素，它们不仅决定了画面的整体效果，也影响了观众对画面的感官体验。以下是一些常用的绘制水体和水景的笔触和线条技巧。

1. 使用流畅的线条

在绘制水体和水景时，应该使用流畅的线条，避免使用断断续续的线条，这样可以更加准确地表现水的动态感和流动感。可以使用长而流畅的笔画，来表现水体的特性，比如水流、波浪等。画波浪时，可以使用充满力度感的涂抹线条，从而强调水的起伏和波动感，而在画静态的水面时，可以使用平滑的线条，突出水体表面的平静。

2. 使用精细的笔画

在绘制水体和水景时，应该使用精细的笔画，通过反复涂抹、叠加颜色来表现水体和水景的透明度和水的光影效果，增强画面的层次感和立体感，表现水的透明度和光影效果。要想表现水体中的杂质、气泡、跳跃的水花等，可在画面中留下适当的空白或突出细节。

3. 使用有力的笔画

绘制水体和水景的连接处时，应该使用有力的笔画，可以采用短而粗的笔触，来表现水体和岸边、石头、木头等物体的连接感，使画面更加真实。这样的笔触也能表现出水体和岸边物体之间的摩擦力，增强画面效果。

4. 控制笔画的压力

在绘制水体和水景时需要控制笔画的压力，使用笔画的不同压力来表现水体和水景的不同立体感和阴影变化，比如在绘制波浪时，可以通过更加有力的笔画来表现波浪的起伏感。通过控制笔画的压力，可以表现出水的不同立体感和阴影变化，使波浪和水流更加具有立体感。

5. 使用混色的技巧

绘制水体和水景时，应用混色技巧来表现颜色的变化，增加画面的层次感，比如使用混色的方法，来表现水的深度、透明度和颜色的变化。混色可以增加画面的层次感，表现出颜色和光影的变化。特别是在表现深海处水的姿态变化时，混色技巧更是必不可少。只有通过混色，才能准确地表现出水的深度和透明度，以及不同的水体颜色。

在速写中绘制水体和水景时，掌握良好的笔触和线条技巧非常重要，需要注意线条的流畅性和精细性，掌握好笔画的力度，并能够恰当地运用混色技巧。掌握这些技巧，可以提高绘画的水平，使画面更加准确、真实、立体。

请完成以下水体与水景速写练习，如图5-4-1所示。

图5-4-1　水体与水景速写练习

第五节
环境场景速写练习

完成带山石和水景的场景速写需要考虑以下几点。

1. 视角选择

在完成场景速写时，首先需要选择好视角。一般情况下，可以选择站在高处，俯视整个场景，这样可以更好地表现水景、山石和天际线的关系，增加画面的层次感。同时，站在高处，可以让人们更加清晰地看到山石和水面的细节和变化。

2. 比例和构图

在完成场景速写时，需要准确掌握好比例和构图，以便更好地表现整个景象。在画山石时，需要注意大小比例和空间关系，尤其是在画远处的山石时，要掌握好透视关系，使画面更加深邃。在画水景时，应该注意将水面和山石巧妙地结合起来，使人们能够看出整个场景的层次（如图5-5-1所示）。

3. 颜色和材质

在完成场景速写时，可以利用颜色和材质的特点，来表现山石和水面的质感和特色。例如在画山石时可以用红、黄、灰等多种颜色搭配，表现出山石磨损、风化等的自然特征，同时用笔的力度、深度也需仔细掌握。在画水面时，可以加入反光和倒影的表现，增加水面的透明度和光影效果。

4. 线条和笔触

在完成场景速写时，需要准确把握好线条和笔触，使用不同的线条和笔触，表现出山石和水的特征。例如在画山石时可以使用有颗粒感的笔触表现出岩石的质感和凹凸不平的特性。在画水面时，可以运用流畅的线条表现出水的流动感和波动感。

5. 看与觉

完成速写的过程中，既要注重看的技巧，也要注重觉的把握。这就需要对场景做出适当的分析和规划，了解不同的特征和变化，再根据这些特征和变化来表现整个场景。同时，绘画者也要用感性和创造力来表现出场景的情感和氛围，使画面更有生命力。

图5-5-1
山石水景

6. 光影和明暗

在完成场景速写时，必须掌握好光影和暗示的技巧，用不同的色彩和笔触，表现出山石、水面和天空的明暗过渡。例如在画山石时可以用明暗差异表现出岩石表面的质感和阴影的变化。在画水面时，可以利用光影表现出水的透明度和深浅变化。

7. 物象和情感

完成场景速写时，不仅需要表现出精确的物象和细节，还需要把握好整个场景的情感和气氛。从不同的角度切入，捕捉到场景的美好和特性，用丰富多彩的笔触，表现出整个场景的情感和气息。同时，也可以通过色彩、线条、空间等方面的构思，创造出与场景主题相一致的情感和氛围。

8. 实践和练习

完成场景速写，需要通过实践和练习，不断提升自己的绘画技巧和水平。可以多参加绘画班、学习绘画教程，观察人们的速写和画作，从中吸收新的灵感和技巧，通过实践和不断地练习，逐渐提升自己的绘画能力和水平。

完成带山石和水景的场景速写需要不断地学习和探索，不断尝试不同的绘画技巧和方法，运用创造性思维，表现出整个场景的情感和氛围，但同时也要注意，想要真正掌握绘画技巧需要实践和不断尝试（如图5-5-2、图5-5-3所示）。

图5-5-2　学生作品/田颖

图5-5-3
山石水景空间/张弢

✣ 本章小结

山石与水景是建筑与风景速写中经常描绘的自然元素。完成山石速写和水景速写需要掌握以下几个方面的技巧和方法。

1. 视觉和构成

首先要通过观察，捕捉到场景中山石和水景的细节和特征。观察山石的形状、质感和纹理，观察水景的波纹、水流和反光等特点。其次要在构图方面下功夫，创造出有趣的构图和形状，让整个场景更具有冲击力和吸引力。在进行场景速写之前，要对所要绘制的景物进行视察，了解其形状、质地、色彩等细节和特征。可以直接观察现实中的山石和水景，也可以是观看图片或模板。在绘制时要充分把握所观察到的细节和特征，根据自己的理解和想象进行创作。可以采用不同的构图技巧，如对称构图、透视构图、重心构图等，让整个场景更具有动感和艺术感。

2. 线条和比例

在画山石和水景时，要注意线条和比例的精确把握，用准确的线条表现山石和水的纹理变化。比例要合理，不能让场景出现扭曲的情况，也不能失去整个场景的平衡感。线条是表达山石和水景的重要手段，处理得好可以使作品更具立体感和空间感。画山石和水景的线条要有变化，符合实际，能够表现出山石和水的不同质感和特性。比例也非常重要，要保证场景的比例及形状的准确性和逼真度，这样才能让整个场景更加真实、美观。

3. 色彩和层次

在完成速写时，要熟悉如何运用色彩和层次的变化来表现出山石和水景的特征。色彩要有变化，可以通过混合和过渡，塑造出山石和水的不同质感和特性，层次要有足够的分明度，让整个场景的效果更加明显。色彩和层次的处理也非常重要，可以提升作品的表现力和艺术感。比如，在描述山石时，可以运用暖色系和冷色系的颜色，通过混合和过渡，塑造出山石的不同纹理和特征。在描述水景时，可以用渐变的色彩来表现流动的水流和反光。层次的变化可以使画面更加丰富，增加变化和层次感。

4. 透视和深度感

要通过透视和深度感的表现，营造出三维的场景效果。通过远近的距离和位置关系，表现出山石和水景的深度和广阔感，让整个场景显得更具有立体感和空间感。通过对山石和水景的远近距离和位置关系的表现，让整个场景更加深邃且具有广阔感，使画面更加立体和真实，让人有身临其境的感觉。

5. 创造性和个性化

完成场景速写，不要局限在传统的绘画技法和方法中，要用创造性和个性化的方式，表现出自己独特的艺术风格。可以尝试不同的绘画风格和色彩，创造出与众不同的绘画效果和艺术魅力。在进行速写时，要发挥自己的创造性，并赋予绘画作品个性化的特征。通过变换画笔的用法、色调、线条以及构图方式等，让自己的作品有与众不同的艺术魅力。同时，也可以参考其他作品，汲取灵感，创作出自己的艺术作品。

要完成好山石与水景的速写，需要把握好细节、抓住特点，同时要运用合适的手法和技术，创造出具有艺术魅力和视觉效果的画作。

✣ 复习思考题

① 绘画过程中怎样注意疏密关系和虚实关系？

② 如何用速写的手法表现山石体积？

③ 场景速写的背景在表现手法上要注意些什么？

✣ 扩展阅读

一、夏克梁

夏克梁是一位广受欢迎的手绘艺术家，他的马克笔写生风格独特，作品中充满了生活感。

夏克梁常说，他的绘画灵感来源于对生活和建筑的热爱。他鼓励学生走出去，去真实的环境中写生，去感受建筑和环境之间的关系。在开始画之前，夏克梁会花很多时间去观察和理解建筑。他认为，只有真正理解了建筑的结构、形状和细节，才能更好地将其转化为自己的艺术作品。

夏克梁的作品中，颜色使用得非常大胆。他会根据自己的感觉和环境的氛围来选择颜色，而不是简单地复制现实中的颜色。这使得他的作品具有很强的表现力和个人风格。在描绘建筑的细节方面，夏克梁非常用心。他会用马克笔描绘出建筑的各种细节，如窗户、门、砖石等，使得他的作品充满了生活感。

夏克梁的马克笔写生风格往往是快速而自由的。他认为，速度和自由度是马克笔写生的一大特点，这一特点也是能够表现出建筑生动感的重要因素。

夏克梁手绘作品

二、戴安娜王妃纪念喷泉

英国伦敦海德公园内的戴安娜王妃纪念喷泉可谓是经典水景观项目。该喷泉的设计者是凯瑟琳·古斯塔夫森。她的设计作品遍布全球，并屡获殊荣，其作品涵盖了公园、花园、社区等多种不同的城市公共空间。她是英国建筑皇家学院荣誉会员、法国建筑科学院奖章获得者，同时也是2008年美国风景园林师协会（ASLA）设计奖获得者。其主要作品包括芝加哥千禧公园、卢瑞花园、戴安娜王妃纪念喷泉、法国埃夫里人权广场等。该喷泉自2004年修好后，仅2005年便有超过200万人来此游览，成为当年伦敦最热门的旅游景点。该景观的设计理念基于戴安娜王妃生前的爱好与事迹，以“敞开双臂-怀抱”（Reaching Out-Letting In）为概念，设计了一个在树林中顺应场地坡度的浅色景观闭环流泉。整个景观有跌水、小瀑布、涡流、静止等多种状态，反映了戴安娜起伏的一生。

喷泉设计在海德公园的自然斜坡上，围绕着场地周围成熟的树木。纪念碑不仅在风景中突出，也与周围的草地和树木形成鲜明对比。

该水景采用曲线设计，在一个面积为50米×80米的椭圆形绿地周围，环绕着一圈以石头为底的水渠。流水从小丘的顶部喷出，通过蜿蜒的小桥，分别从两个方向流进环形水渠，水渠尽头为一浅池。水渠和池子都很浅，儿童可以在这里划桨戏水。绿地部分种植了花木，夜晚柔和的灯光闪烁在花木间，景象十分动人。该设计努力体现人与自然的融合，动中有静，按设计者的说法，是要“追求一种宁静，但又有充足的时空感，让人们遐想万千”。

设计师认为开阔地形环抱的喷泉存在着一种力量，它不断地向周围扩散并吸引着人们来到这里，而有多种肌理特征的石材和水中的喷头又使得喷泉具有诸多的特色。

通常情况下，对设计师来讲，用圆环的形式来表现水景并不是一种好的方式。而凯瑟琳·古斯塔夫森利用了极对偶原理，解决了物理上与概念上的问题。水由最高处进入水渠后，流向两个方向，最终在最低处汇合。

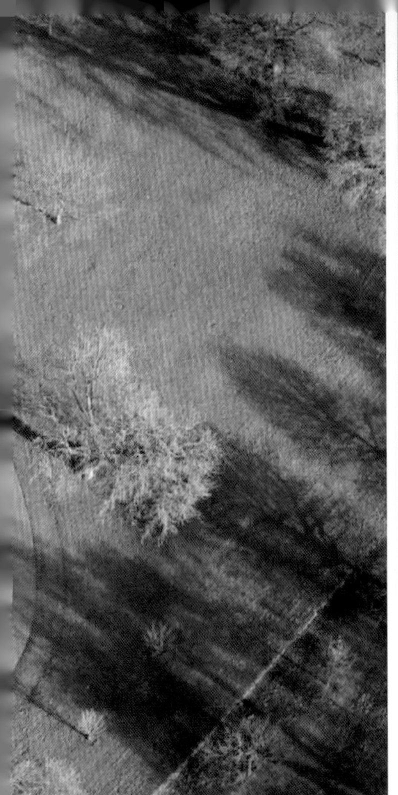

喷泉鸟瞰

在环状的水景装置中，水的源头位于整个喷泉的最高点，水流从喷泉的基础部分奔流而出，以大约每秒100升的速度从蓄水池抽到喷泉的顶部，并从最高处沿着地形分别从东西两个方向向下流淌。

喷泉的雕塑形式顺应海德公园土地的自然斜坡，旨在对外传播能量，同时吸引人们的视线。

水流沿着阶梯状的水渠向下翻腾流淌，而褶皱形式的表面特征又使阶梯呈现出丰富的形态。设计者将此处的水景称为“台阶”。

阶梯状水渠之后为一个交叉口以供人们从环状物喷泉的外侧进入其内侧。此处，水流进入了一个位于转弯处的“摇滚”区域，之所以这么叫是因为弧形的花岗岩被切划成斜面，让水流在这里翻滚并转向。

改变造型的花岗岩水渠使得水流经过转弯处时获得了新的动力，五个喷头改变了水流的形式并将新的动力加入其中，设计者称这里为“涡动”。

当水从“台阶”跌落并流向西边一侧，首先流经一段运用精湛技术切割出的自然花岗岩，真实地再现自然界中水流的形态。使人联想到山间潺潺流淌的溪水，因此被称为“山涧小溪”，随后水渠渐渐平坦并出现了又一个交叉口，在经过交叉口之后水流继续前行。

水渠中有五个位置增加了释放气泡的装置，气泡随波逐流，呈浪花状，因此该部分被称作“泡沫”。

在水流即将进入蓄水池的位置，利用网文状水渠铺装营造出若干个叠水水景，无论是在视觉上还是在听觉上都在此处变得壮观起来。设计者以名为“级联”的精彩水景作为结束水循环的可视部分。

喷泉是游客与水相互交流的好地方。该设计采用开创性的数字技术，喷泉上有精细的凹槽和通道，结合空气喷射赋予水生命力，创造出多样的效果，如“嗖嗖作响”“小瀑布”“摇滚乐”等多种声音形式，还有底部的静止水池。

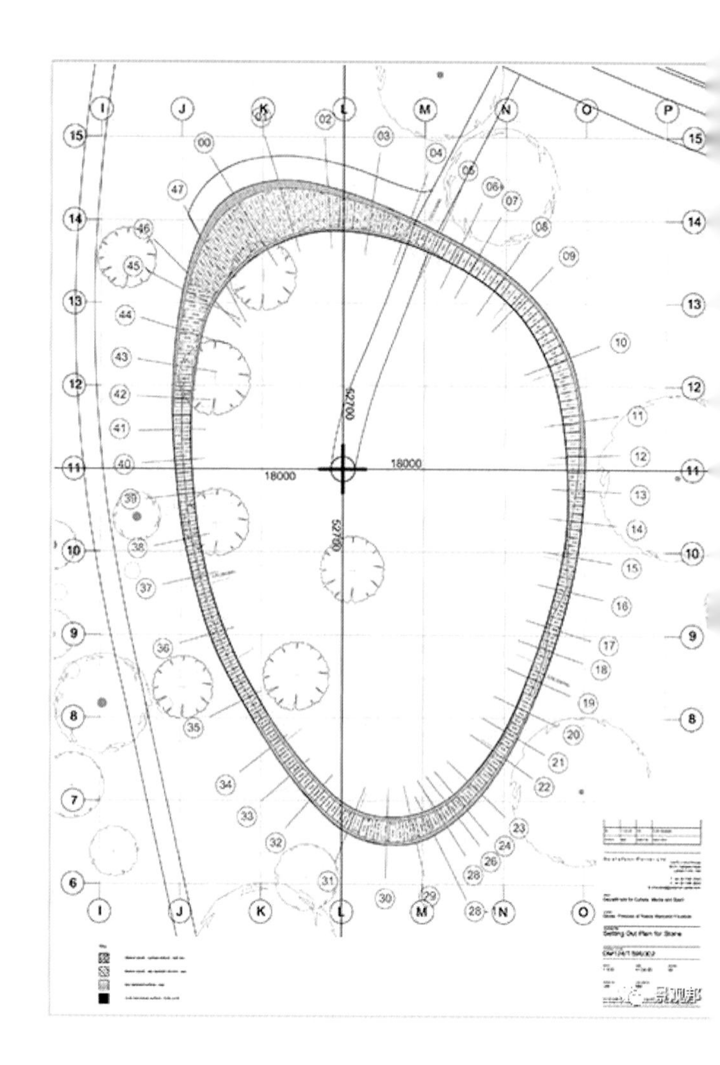

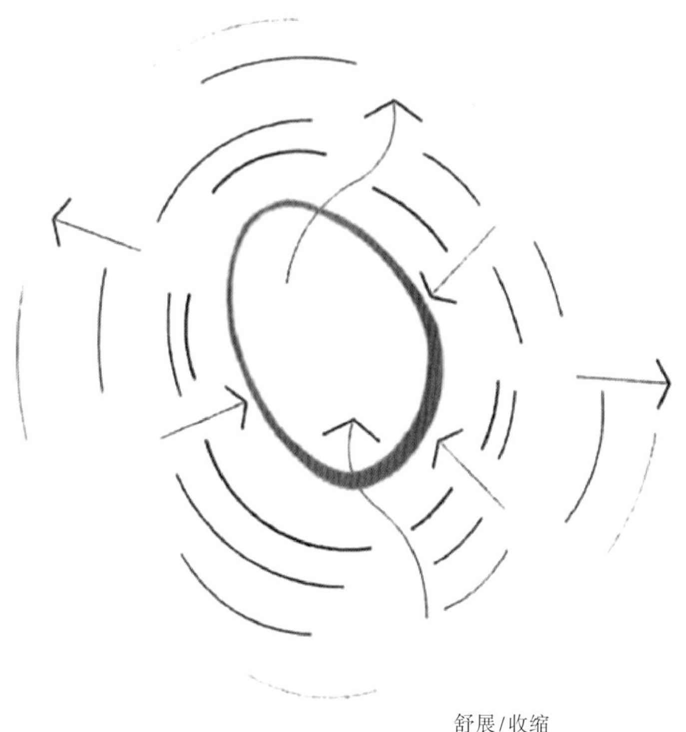

舒展/收缩

平面图

水景围合的空间

水景细部

俯瞰水景

翻腾流淌的水

第六章

铺地与环境小品速写专项

学习目标

铺地与小品练习是建筑与风景速写中必不可少的。因此，铺地与小品速写的能力也要加强。通过学习，要对铺地的作用、种类，小品的功能、内涵有一个清晰的认知，同时要对其进行速写练习，以增强画面的自然感与协调性。

能力目标

能够对铺地与小品进行绘画表达，通过练习不断提高绘画的能力与速度，将铺地与小品的刻画与环境表达结合，绘制出更详实的作品。

知识目标

① 了解铺地材质的作用、种类、纹理及其绘制方法。
② 认识景观小品的功能、造型及其绘制塑造。
③ 理解环境场景下铺地材质与景观小品的描述及对画面的塑造。

第一节
铺地速写基本方法

一、铺地的功能

铺地作为景观设计中的重要构成元素，具有实用、美观和环保等多方面的作用和意义，包括了实用功能、美观功能、环保功能、综合搭配功能等。

1. 实用功能

（1）保护地面

铺地材料起到保护地面的作用，防止因日常使用、踩踏、车辆行驶等原因造成地面的破坏。

（2）提高行走的舒适度

铺地材料可提高人行走的舒适度，防滑性能良好的铺地材料可以避免人们在雨天滑倒，提高行走的安全性。

（3）降低噪声

选择恰当的铺地材料能够降低噪声，如草坪、沙石等自然材料能起到一定的消声作用。

2. 美观功能

（1）强化景观特点

铺地材料的形式、颜色、纹理不仅自身具有艺术性，还能强化景观主题和特色。

（2）划分功能区域

利用不同铺地材料，可划分不同的空间区域，如休闲区、步行道、运动场地等。

（3）引导观者的视线和行走流线

铺地的设计可以引导观者的视线和行走流线，如宽阔的步行道和较窄的小径会给人不同的空间感受。

3. 环保功能

（1）地面透水

铺地材料如透水混凝土、透水沥青、透水砖等可以有效减少径流量，降低城市内涝等问题，保持水资源的持续利用，提高生态环境质量。

（2）缓解热岛效应

绿色植物铺地、浅色铺地材料等能有效减少地面对阳光的吸收和反射，降低周边环境的温度，减缓城市热岛效应。

4. 综合搭配功能

（1）与其他景观元素相互作用

铺地可与固定设施、路灯、植物等景观元素结合，提高整体景观效果。

（2）艺术表达

铺地如沙石画、地毯花等可作为艺术表达的手法，丰富景观空间的设计，提高景观观赏价值。

作为景观设计中的重要构成元素，铺地在满足实际需求的同时，也为人们提供美好的生活环境，提升景观的整体视觉效果。

二、铺地的分类

如果想画好铺地，那么一定要了解铺地的分类，主要有按材料分类和按功能分类两种分类方式。

1. 按材料分类

（1）建筑材料

① 混凝土铺地：混凝土地面、磨光混凝土、彩色混凝土等。

② 沥青铺地：沥青路面、彩色沥青等。

③ 砖石铺地：水泥砖、空心砖、青砖、火砖等各种砖制铺地。

④ 陶瓷铺地：马赛克砖、釉面砖等。

（2）自然材料

① 石材铺地：花岗岩、大理石、石板、鹅卵石等。

② 木质铺地：木地板、竹地板等。

③ 矿物质材料铺地：沙石、碎石、三角砖等。

（3）复合材料与其他材料

① 金属材料铺地：铝板、不锈钢板等。

② 橡胶与塑料铺地：橡胶地垫、塑胶地板、拼接式运动地板等。

③ 压实材料铺地：黄土、沙土、硬化土等。

④ 组合材料铺地：混凝土疏水砖、木纹砖、种草砖等。

2. 按功能分类

（1）通行类铺地

① 人行道：供行人行走的道路或通道，采用石材或

混凝土等材料铺设。

② 自行车道：供自行车通行的道路或通道，可采用混凝土或沥青等材料铺设。

③ 车行道：供机动或非机动车辆通行的道路或通道，常采用沥青或混凝土等材料铺设。

（2）休憩类铺地

① 广场铺地：通常采用砖石、石材等材料铺设的大面积开放空地。

② 座椅区铺地：休息区的地面，可采用木材、石材等材料铺设。

③ 庭院与景观台地铺地：采用石材、木材等材料打造的户外庭院空间。

（3）运动与游戏类铺地

① 篮球场、羽毛球场等运动场地：选用塑胶、橡胶等抗冲击材料铺设。

② 儿童游乐设施区铺地：使用橡胶、塑胶等材料，增加安全系数。

③ 健身区铺地：通常采用抗滑和抗冲击的材料，如橡胶地垫等。

（4）绿化与生态类铺地

① 种草地、花坛：通常使用透水性较好的材料如透水混凝土、透水砖等。

② 绿化种植区：采用种草砖或者透水砖等透水性材料，方便植物生长。

③ 人工湿地、雨水花园：采用石材或透水混凝土等材料，提高雨水渗透能力。

景观铺地在材料和功能上有多种分类，可以根据场地需求、预期效果和成本等因素选择合适的铺地材料和方式，以满足各种不同功能需求和美学需求。

三、绘制铺地的方法和技巧

绘制铺地需要掌握一些基本方法和技巧，具体如下。

1. 观察和简化

首先，认真观察铺地的材质、纹理、色彩和间隔等特点，对其进行简化和概括。速写不需要精细地描绘每一个细节，而是通过简单的线条和形状表现铺地的特点。观察是速写的第一步，也是最重要的一步。观察速写对象的每一个细节是非常有必要的，但是在绘制的时候，需要将这些细节简化和概括，用简单的线条或形状表现出物体的形态，避免让画面过于繁杂。在观察铺地的时候，我们可以根据铺地的特点，将其进行简化和概括，比如，建筑物的地面可以用矩形来简单地表示，单独的草坪可以简化为矩形或长方形。这些简化后的元素可以方便我们更快捷地构建画面，并且还能清晰地表现出不同的质感和纹理。

2. 使用透视法则

透视法则是表现物体立体感和深度感的关键。在绘制铺地时，需要考虑透视原理，合理安排物体在画面上的位置和大小。地面通常在画面的下部，透视线应与地面保持平行，消失点位于地平线上。画面上的物体距离地面越远，位置越高，体积越小。透视法是绘画中必须遵守的一个法则，它能使画面看起来更加真实，如果没有透视，画面将显得比较呆板。在绘制铺地之前，可以先确定铺地在画面中的位置，并根据这个位置确定透视线和消失点的位置。比如说，建筑物的地面多数情况下位于画面底部，所以需要有与水平方向平行的透视线，消失点位于地平线上。而在铺设小石子的区域，则需要设计向中心聚拢的透视线，这样能够让画面看起来更加真实。

3. 使用线条表现纹理和结构

铺地的纹理、结构和间隔是其特点之一。速写时可以使用线条简洁地表现这些特点。对于繁琐的纹理，可以采取概括的方式，用点线结合的方法表现。铺地有着各种不同的材质和结构，包括纹理和空间感。当然，笔画的线条也能够趋于不同的方向（平行、重复、错落等）。对于绘制铺地而言，一个关键的技巧是使用简洁的线条来表现它们的特点。一些经典的方法包括使用条带状或锯齿状的线条表达木地板和石头，用平滑的斜线表现墙壁的纹理。如果绘制自然界的草地，可以使用简单的线条、圆形、三角形等来简单描绘出草地的细节（如图6-1-1所示）。

图6-1-1
场景速写（一）
/杜音然

4. 层次和明暗关系

明暗关系是表现立体感和空间感的重要手段。在绘制铺地时，可以通过加深阴影部分的色彩，区分光照部分和阴影部分，突出光影对比。另外，注意表现铺地之间的层次关系，可以利用不同粗细的线条、不同饱和度的色彩、留白处理等方式，让画面具有层次感。在绘制铺地时，也可以根据不同的绘画效果和需要，使用不同的明暗关系来表现画面的层次感和深度感。比如，可以使用浓重、重叠的线条来表现较暗的阴影。此外，可以将规则的几何形状与自由的线条元素结合，达到描绘出物体层次感的效果，让画面看起来更加有趣。

5. 色彩运用

在绘制带有色彩的铺地时，可以选择用色彩简洁地表现其材质和纹理。例如，用不同深浅的蓝色、灰色表现石材铺地；用暖色表现木材铺地。简洁的色彩搭配可以增强画面的视觉效果，丰富速写表现。色彩对于形象描绘的作用极为重要，它们能够在不使用任何细节的情况下，向观者传达一定的信息。当然，在速写中，可以通过简单的色彩组合来表现不同铺地的特点。比如，房屋内部的地面使用深木色、青色、灰色渲染；人行道与建筑物之间的路面采用深蓝色到灰色的渐变，来渲染不同材质之间的颜色差异。此外，相对于其他材质，草地和花园则可以被涂上大量的绿色，同时在画面中增加色块分布，形成更加具体且丰富的构图。

在进行铺地速写时，要注重观察和简化，运用透视法则、线条、层次和色彩等手法，力求简单明了地表现铺地的形态特点和空间感。以上几个方面都需要结合画面整体来表现铺地的特色，这样可营造完美的绘画效果（如图6-1-2所示）。

图6-1-2
场景速写（二）
/杜音然

第二节
铺地速写练习

首先，确定画面的视角和构图。视角是指作画时观察景物的角度，确定视角后，就需要在画面上进行构图，让画面整体看起来更加和谐美观。接下来，细致观察铺地和铺装的细节。要理解铺地和铺装物在不同方向、距离的形态和纹理，然后再将其根据构图和视角等因素进行创意组合。其次，使用合适的画材和画笔。铺地和铺装通常涉及不同种类的材质，比如水泥、沥青、花岗石、木板等，所以画笔的选择需要根据材质的不同进行调整。比如使用铅笔或钢笔绘制花岗石的纹理和颜色，使用软笔或油画画笔绘制水泥的颜色和质感等。最后，再对细节进行修饰和调整。一幅好的画作需要经过不断推敲和修饰各个构成元素的细节来使画面更加完整和美观。比如可以在铺装的空隙处增加野草、落叶等自然元素，或者在铺地中绘制花朵和石子等花纹来增加画面的层次感。绘制铺地与铺装时，还需注意以下几点。

1. 视角和构图

视角和构图的选择对于画铺地和铺装速写非常重要。在确定画面视角时，需要考虑作品的整体效果，画面需要传达出某种情感色彩，如舒适、自然、科技或者庄严等。对于视角的选择，可以选择俯视视角，也可以考虑侧面视角或倾斜视角等。在构图时，需要考虑画面的对称性、层次感和不同构成元素之间的协调性。铺地和铺装可以是主题，也可以是配角，所以构图需要根据场景来确定，如公园、广场、街道、商业区等（如图6-2-1所示）。

选择一个合适的视角和构图会对作品有很大的帮助。铺地和铺装的质地、纹理与构成材料之间的关系很重要。有些元素是有规律排布的，比如重复的花纹、对称的形状等，这些特征可以帮助我们构思构图，提高画

图6-2-1
速写练习/张弢

面的美感。

2. 色彩和线条质感

铺地、铺装的质感和色彩在作品中非常重要，它们可以强化景观元素的存在感和层次感。对于铺装材料的色彩，比如水泥的浅灰色、花岗石的深灰色等，需要在掌握色彩基本知识和观察实物的基础上进行调配。要注意，不同光照条件下铺地和铺装会形成不同的反光面，所以画家需要观察不同角度、不同光照下反光面的变化，画出合适的铺地和铺装。铺装的线条质感也很重要，线条的流畅和纹理的细致性可以使画面更加丰富，比如用细线勾勒出缝隙等。

铺地、铺装的色彩和线条质感是画面的核心。画家需要观察实物，掌握色彩基本知识，如颜色的饱和度、明度等特征，通过色彩搭配，使整个画面的色彩和谐，避免单调。此外，还需要考虑材料的反光和光泽度等因素。

3. 细节处理

铺地和铺装的一些细节可以使画面更加完整和丰富。比如，铺地可以增加小草、野花和落叶等自然元素，而铺装中可以点缀些石头、铁环、道路标志等人工元素。这些都可以增强画面的自然感和层次感，以便更好地与周围环境融合。另外，铺地和铺装还要考虑与周围环境的联系，在场景的设计中，铺装需要考虑步行和车辆的通行情况，铺地需要考虑人们休息和娱乐的需求。

在此提醒一下，在绘制作品时需要考虑到实际场景和行业标准，因为铺装的规格与材质会影响步行和车辆的通行情况，铺地也需要考虑慢行系统与车行系统的数据需求。因此，要结合实际，遵守相关的法律法规，调节偏差，以便更好地传达作品所表达的信息。还要不断观察和练习，只有不断尝试和练习，才能不断提升自己的绘画水平，创作出更好的画作。

请完成以下铺地速写练习，如图6-2-2、图6-2-3所示。

图6-2-2
铺地速写练习（一）

图6-2-3
铺地速写练习（二）

第三节
环境小品速写基本方法

一、环境小品的基本功能

环境小品是景观设计中的重要构成元素之一。它主要通过在景观中添加各种装饰细节，来提高景观的艺术价值和实用价值。下面具体介绍一下环境小品的作用和意义。

1. 点缀景观

环境小品是景观设计中点缀景观的重要手段。通过少量的点缀，增强景观的异域风情或浪漫情怀。通过使用环境小品，可以营造出各种独特的氛围和风格，进而在一定程度上使景观更加吸引人。

2. 提高景观的关注度

环境小品能够在快节奏的生活中令人感觉愉悦。这种感觉源于环境小品的独特设计和装饰元素。如果景观设计中使用了吸引人的环境小品，便能引起人们的观赏兴趣，从而在某些情况下成为一个画面的亮点。这样可以吸引更多的游客。

3. 增加应用功能

环境小品在具备景观装饰功能的同时，还能增强景观的实用价值。具体而言，环境小品可以改善环境气氛，优化空间和提高绿化率。例如，在城市公园的设计中，可以设置一些环境小品，如稀有树木、亭子、座椅等，使公园的功能性更强。

4. 塑造地方文化

环境小品可以激发人们对地方文化的兴趣，在城市公园添加符合当地特色的环境小品，不但能够传承和推广当地文化，也能让人们更好地理解和认同当地文化，从而增强人们的认同感，传递丰富的人文精神（如图6-3-1所示）。

图6-3-1
环状景观建筑

二、环境小品的特殊内涵

环境小品除了上述一些基本意义，在公园城市理念、“两山理论”与“双碳理论”的引导下，其具体作用还包括以下方面。

1. 表达设计理念

环境小品是景观设计的细枝末节，但它的设计也要与整体的景观理念相符。通过设计合适的环境小品，可以起到突出景观主题的作用。比如：在一个大花园里，可以适当添加一些装饰元素，如喷泉、假山、花坛等，实现景观主题的表达（如图6-3-2所示）。

2. 彰显空间环境的品质

景观设计的目的之一是营造高品质的空间环境。环境小品的设计鼓励原创，要求设计师以细节完美的方式呈现高品质空间。好的环境小品可以引起人们的注意和共鸣，有助于使该场所有更高的使用率。形态美观、造型别致的环境小品可以为人们提供艺术欣赏和审美体验。设计师可以巧妙地运用线条、色彩、灯光等元素，使环境小品呈现出独特的艺术魅力。

3. 引导人流与吸引视线

环境小品不仅是亮点，还是引导人流和吸引视线的有效手段。环境小品的位置、形状和大小都会对人们的视线产生影响，从而吸引人们欣赏和使用。例如公园里的绿草、花坛和广场上的标志物等，会吸引人们的视线，让人们自然而然地向指定的方向前进。环境小品也可以体现出人们对自然的关怀。在景观设计中，可以利用自然素材来打造环境小品，如花坛、草坪、石墩、石子等。这样的自然元素不仅可以美化环境，还可以减少对环境的破坏和污染。同时，在使用和维护环境小品时，也可以培养人们对自然环境的爱护和保护意识。

4. 增强可用性和可达性

景观设计中的环境小品具有良好的可用性和可达性，可以调整空间规划、强化区域功能。例如，公园和广场的座椅、垃圾桶等环境小品，可以满足人们休息和处理垃圾的需求；交通节点上的候车亭、指示牌、导视图、提醒标语等环境小品，也有着良好的功能表现。环境小品还可以促进人与人之间的交流。例如，在广场上设置的休息座椅，可以让人们在休息的同时与其他人交流、分享，促进社交关系的建立。这样的环境小品不仅让人们在生活中更加舒适愉悦，还可以拉近人与人之间的距离，增强社会凝聚力。

图6-3-2
不规则形建筑

5. 传承历史文化

在景观设计中，环境小品可以为文化传承和历史沉淀做出贡献。通过设计符合当地特色的环境小品，不仅可以传承和推广当地文化，还可以提高使用者对当地文化的理解和认同，从而增强人们的地方认同感，为调动社会上的积极因素创造有利条件。环境小品可以是一种文化传承的载体。在设计过程中，可以融入当地特有的有代表性的文化元素，如建筑风格、民俗传统、宗教信仰等，使人们在使用和欣赏环境小品时能够感受到历史文化的深度和独特性。此外，当人们在日常生活中使用这些环境小品时，也会更深刻地理解当地文化的内涵。

环境小品在空间中的点位选择、造型和材质设计是非常重要的，它不仅可以增强景观的实用性和美观性，而且还可以传递人文情感，传递出丰富的人文精神。通过恰当的设计和设置，环境小品可以传递文化、拉近人们之间的距离、呈现自然之美和艺术之美，让人们在享受美好环境的同时感受到文化、人情和艺术的魅力。让人们对所处环境有更深的认同感和归属感。

第四节
景观小品速写练习

在绘制环境小品时，设计初期快速捕捉灵感和观察到的环境细节，可帮助绘制者、设计师更好地表现设计意图。以下是环境小品速写的详细步骤。

1. 确定环境及准备

环境小品速写通常使用铅笔、钢笔、彩笔等绘画工具，以及速写纸、素描纸等绘画材料。首先需要确定要使用的工具和材料，然后做好相应的准备工作。找到具体的环境场景，可以根据自己设计的需要或者灵感来寻找。可以在户外公共场所或者室内等场所中寻找。同时，环境小品速写需要对整个环境进行观察和记录，需要找到周围的所有物体、景物、人物等，记录下来以便画出来（如图6-4-1所示）。

图6-4-1　场景速写/杜音然

2. 确定画面构图

在速写前需要先确定画面构图，即要画哪些内容及其相对位置。可以用铅笔勾勒出画面的草稿，确定要画的主体、背景、辅助线条等，以及它们在画布上的位置。在开始画之前需要确定画面的大小和比例，可以让画面更加平衡。

3. 快速勾画轮廓和形状

勾画主体的大致轮廓和形状，可以快速而粗略地概括出所要表达的内容，不需要过于细节化。同时注意比例尺寸的准确，保证整个环境小品的图像基本构造是准确无误的，避免出现后期难以调整和作品美感不足的情况。线条和笔触是环境小品速写中非常重要的部分，可以使用铅笔、速写钢笔、圆珠笔等，线条的粗细和轻重可以有所不同，但要保持笔触干净利落，线条突出。

4. 加入线条和细节

在主体形状勾画完成后，可以加入一些线条和细节，以强调环境小品的重点部分。例如，可以用钢笔勾勒出一些鲜明的线条，突出画面的主体或周边环境的质感和细节。环境小品速写追求快捷、精练而不失准确性，因此要概括绘画各部分的形态，将他们简化为最简单的形态。通常采用画线、影调、纯色等方式表现。

5. 上色和润色

完成线条勾勒和细节绘制后，开始着色。在着色过程中，可以使用彩色铅笔或水彩、颜料等来上色，使画面更加丰满动感。最后进行一些润色，补充完善没有完成的部分。绘画完成后，可以着色和渲染，尽可能地表达出环境的质感和细节，增强画面的感染力。可以用彩色铅笔、水彩等，但要注意用色的协调和环境的艺术感，不要过分精细又过分花哨。渲染时，不同部分的颜色和亮度应当匹配，以达到整体的和谐。

6. 总结和修正

绘画完成后，需要进行总结和修正。可以对画面再次进行观察，评估画面，确定哪些部分需要进一步完善或调整。绘画完成后应仔细观察，看看哪里需要改进和完善，有些地方可能需要加强细节和光影等。如果发现有缺失和瑕疵需要进行必要的修正和完善。

画环境小品速写的关键在于快速捕捉灵感和环境细节的能力，同时注意画面的构图和比例，以及线条和细节的概括和突出，最后通过润饰增加画面的动感和逼真度，通过熟练运用技巧和不断练习，绘制者或设计师可以画出较出色的环境小品速写（如图6-4-2、图6-4-3所示）。

图6-4-2
环境小品速写（一）

图6-4-3
环境小品速写（二）

第五节
环境场景速写练习

绘制带铺装和环境小品的环境场景速写，需要注意以下几点。

1. 观察环境场景

在绘制环境速写之前，需要仔细观察环境。可以在环境中漫步，欣赏周围的景色并记录下所见所闻，包括建筑物、交通工具、人物形象、天气等方面。

2. 确定画面大小和比例

选择合适的画纸和画框，将场景缩小为画面大小，确定好画面的比例关系，这样可以保证画面更加平衡，以便于后期的评估。

3. 勾勒轮廓线

首先，使用铅笔或速写笔，以简单的形状和线条画出环境场景的轮廓线和关键点。在勾勒轮廓时需要注意保证准确性和对称性。

4. 确定透视关系

在确定轮廓线后，需要根据实际场景，确定绘画作品的透视关系。环境场景绘画中的透视关系非常重要，它可以让画面更加具有立体感，并增强环境的真实感。因此需要仔细观察环境的细节，确定透视点和透视线。

5. 画建筑物和铺装

用细腻的线条勾画出建筑物的形状，尽可能地保证细节的准确性和对称性。画铺装时要注意与建筑物的透视关系，尽可能地表现出铺装材料的质地和纹理。在绘制建筑物和铺装时，可以在草图纸上进行尝试和修改，借鉴大师们的经验不断练习技巧。

6. 添加人物和细节

完成主体绘画后，需要添加人物和一些细节，使环境场景更加生动。根据不同的风格和特点，可以画出不同类别和比例的人物形象，并尽可能地表现出他们与环境的关系和互动。同时添加一些细节，比如灯光的影响、墙面的图案、树木的影子等可以更加丰富画面的细节，增强画面的真实感和艺术性（如图6-5-1所示）。

7. 填充颜色并进行渲染

接下来，需要填充颜色和进行渲染，增强画面的感染力。可以采用纯色或杂色表现铺装材料，通过填充颜色或阴影来增强建筑物的透视关系。人物形象和细节部分可以用水彩或彩色铅笔来完成，使画面更加丰富和鲜明，也可以借助数字软件等进行调色和渲染，达到更加理想的画面效果。

图6-5-1
环境场景速写
/杜音然

8. 检查和修改

检查和修改后便可以出稿。仔细观察环境，根据实际场景确定透视关系并勾勒轮廓线，然后将环境、人物和细节填充在画面上，并进行渲染和修正。在确认各细节和配色没有问题后，可以稍加调整和润色。应该在整个画面上进行仔细的观察，纠正任何可能存在的错误或不合适的细节，从而得到一幅完整、平衡、生动的环境场景速写。

请完成以下铺地速写练习，如图6-5-2、图6-5-3所示。

图6-5-2
规则形石阶铺地

图6-5-3
不规则形石阶铺地

✣ 本章小结

铺设地面是园林绿化和城市建设中非常重要的一部分，铺地速写是观察并记录铺设工程的一种方法。在进行铺地速写时，需要注意观察地面的状况、材料的质量和人员的操作情况。进行绘画记录时可以用手绘或数码绘画等方式将观察结果记录下来，以便后续的工程施工和质量检验。铺地速写是对铺地工程进行实地观察，并用文字和图形表现出来的一种速写方式。在铺地速写中，需要注意以下几点。

① 观察地面的状况：要注意地面的平整度、高低差、凹凸程度等情况，以便进行后续的工程施工。

② 观察材料的质量：要对铺设材料的厚度、密度、硬度等进行观察，以保证材料质量符合标准。

③ 观察人员的操作：要注意观察铺设人员的操作技巧，以及施工现场的安全情况，确保施工过程中不会发生意外事件。

④ 进行绘画记录：在观察完现场情况后，可以用手绘或数码绘画等方式将观察结果记录下来，以方便后续的工程施工和质量检验。

环境小品速写是指在观察自然环境、公共设施、城市建筑等场景时，快速记录下对场景的感受和细节特征的一种速写方式。在进行环境小品速写时，需要注意观察环境的特点和气氛，捕捉瞬间的感觉，同时学会灵活应变。环境小品速写以简单为主，不需要过于精细的技巧和细节，要注重用简单而有力的线条和色彩来表现场景的特点。在进行环境小品速写时，要注意以下几点。

① 观察环境：环境包括室内和室外环境，要注意观察色彩、光影、材质、线条等特征，有助于提高绘画的真实性和美感。

② 捕捉瞬间：环境小品速写是一种快速的记录方式，要注意捕捉瞬间的感觉和情境，以便更好地表现环境的气氛。

③ 简单绘制：环境小品速写以简单为主，不需要过于精细的技巧和细节，要注重用简单而有力的线条和色彩来表现场景的特点。

④ 灵活应变：环境小品速写常常需要在不同的环境中进行，要灵活应变，适应环境的变化，快速记录下所见所闻。

铺地速写和环境小品速写都是记录现实中场景和环境的绘画方式，适用于记录园林绿化、城市建设等场景，掌握这两种速写可为未来的设计课程或项目实践打下良好的基础。

✣ 复习思考题

① 怎样可使画面有延伸感？

② 景物的重心和透视有着怎样的关系？

③ 如何做到画面的取舍与画面的概括？

✣ 扩展阅读

一、云朵乐园|张唐景观

云朵乐园是成都麓湖生态城内道路和湖面之间一片狭长的滨水绿地，面积约25000平方米。受到麓湖生态城人造湖水系统的启发，云朵乐园的设计理念是将公园的儿童活动功能和水环境教育功能结合，形成一个寓教于乐的公园。它既是一个有趣的儿童公园，又是一个露天的自然博物馆。水的各种形态及汇集形式，如云、雨、冰、雪、溪流、旋涡等都被巧妙地设计在活动场地和节点中，形成跳跳云、互动旱喷广场、曲溪流欢、涌泉戏水池、冰川峡谷镜面墙、雪坡滑梯、旋涡爬网这些独特的活动场地。为了确保每一个人都能获得良好的体验，公园对每一天的人流量进行了一定限制。云朵乐园以一滴水的故事为线索，从水的不同形态出发，设计了一系列具有科普功能的景观节点。

湖边小岛上有一朵巨大的“跳跳云”。在这个内部充气的巨大不规则形蹦床上，孩子们可以体验腾云驾雾的感觉。为便于后期维护管理和人数控制，跳跳云被安置于小岛之上，唯有通过一座小桥才可到达。

不同于基于水的造型而设计的景观节点，“旱喷广场”真正让水的灵动触手可及。设计师在旱喷泉中安装了机械动力装置，当踩蹬踏板时，水流喷射而出，孩子们便可在水流间嬉戏玩耍。人与人、人与自然的互动随之产生。从旱喷泉中喷出的水汇聚在广场中央，顺地形流淌，自然形成一条蜿蜒曲折、可以充分接触体验的溪流，不仅营造了“曲溪流欢”之景，也可用作消防通道。“曲溪流欢”形成的溪流在“山脚下”的平坦处汇集成一个浅浅的小池塘，孩子们可以安全地进入玩耍。池塘中有七个小涌泉，分别对应不同的触控开关，开关集中设置在涌泉旁的大石台上，可供游玩者自行控制涌泉的开和关。为更全面地展现水的形态，项目还设置了以旋涡为灵感的定制游乐设施，包括爬网、滚轴滑梯、激光阵、树屋等。爬网取形于麓湖吉祥物——鹿角，孩子们在其中玩耍时会产生旋涡般的视觉感受。

在原有山坡地形的基础上，设计师构筑了一处由白色水磨石构成的滑坡，并在其周边辅以环形走廊、旋

公园鸟瞰

跳跳云

互动喷泉

转楼梯及沙坑等游乐设施。白皑皑的滑坡如同滑雪场一般，人们不必等到冬日，便可一享滑行的快感。以小水滴为灵感，设计师在临湖码头入口处构筑了一处具有雕塑感的“水滴剧场”。该构筑物由不锈钢异型管材加工而成，其内部水滴状坐凳由镜面不锈钢材料制成，可以弹动，为游客增添了趣味体验。受冰川峡谷形态的启发，设计师将场地中原有的一处挡土墙和以树木为主的穿行空间加以调整，形成了由三角不锈钢镜面构成的能够反射阳光的墙壁。墙壁底部配有电子感应设备和音响，每当行人经过，感应设备便会激发音响，发出叮叮咚咚的滴水声，宛若峡谷中的回声。

湿地也是不可或缺的水体验场所之一。该项目在现有水系的基础上增加了一处可以进入的湿地花园，其中有可近距离观察的各种水生植物、蝌蚪、青蛙和鱼等，为人们亲近自然提供了良好的机会。一座满布“冰凌”的拱桥沿湖而立，既保障了湖岸流线的完整性，又满足了通航的需求。桥体内部暗藏LED灯和感应器，每至夜晚，灯光伴随行人的移动而变化。而日光之下，由镜面不锈钢管构成的“冰凌”桥面则将周边环境一一反射。

曲溪流欢

白色水磨石滑坡

水滴剧场

二、超级线性公园|丹麦BIG

超线线性公园，一共由三部分组成：红色广场、黑色广场和绿色公园。红色广场主要是对周边活动空间的延展，这里主要进行一些集会或开展文化和体育活动。黑色广场作为城市客厅使用，是聚会和休息的场所。绿色公园较为安静，主要是满足居民们对绿色环境的需求。

红色广场两侧都临近主要干道，开放性较高，人流较大；且其两侧为室内活动空间。因此，红色广场作为该区体育文化活动场所的室外延伸，人们可以在此进行集会、锻炼和游戏，而这种红色也给人活力的感觉。

设计师还对红色广场赋予更多空间上的趣味，设计师通过折叠、流动等动态手法创造了一个动态的空间，增强人们的空间感。

黑色广场是半开放的，更主张休闲，积极促成人们的交流。它的一侧是城市干道，另一侧是较为安静的绿色公园。因此，黑色广场既满足了开放性的需求，又满足了私密性的需求，适合周边居民来此聚会。黑色广场为人们提供进行烧烤和棋牌游戏的场所。

绿色公园属于静区，狭长而安静，满足了居民们希望“更加绿色”的需求。广阔的草坪给居民提供了野餐、晒日光浴的场地，绿色公园的中央是一块球场，为人们进行体育活动提供了场地。

广场实景（一）

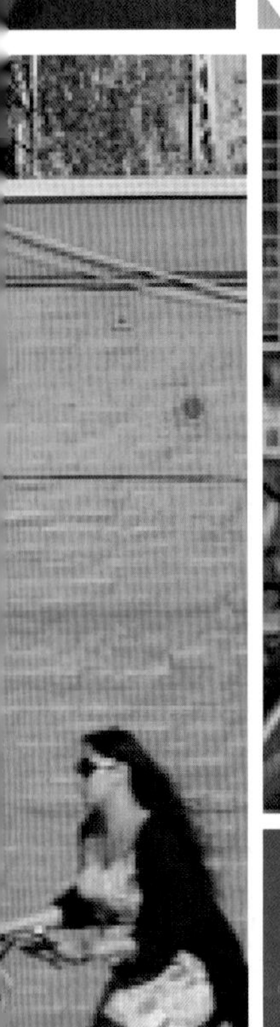

广场实景（二）

张强 于高家台.
2012.4.23.

第七章 风景写生基础

◈ **学习目标**

在自然风光中领会绘画的技巧。风景写生作为绘画的一种方式，可以很好地锻炼绘画者的观察力与细节刻画能力，同时对练习氛围渲染和画面场景有着不可或缺的作用。要了解风景写生的注意事项，做好写生准备，在写生的过程中进一步锻炼自己的绘画技巧。

◈ **能力目标**

了解并掌握风景写生方法，亲身体会在雄伟自然中绘画的真实感，并与照片写生方式互相映照，提高绘画技巧。在自然场景中捕捉事物本身真实的感觉，并尝试将其用绘画表达出来。

◈ **知识目标**

① 了解风景写生安全注意事项及相关准备事项。
② 了解风景写生与照片写生的区别与特点。
③ 了解风景写生的方法及练习方式。

第一节
风景写生要点

建筑与风景写生是绘画中一种最为常见的方式，它旨在通过绘画表现建筑物及其周围的景色，突出建筑物在自然环境中的地位及作用，表达艺术家对自然与人文的理解和情感。建筑与风景写生有着悠久的历史，早在古代就有艺术家使用这种技法记录城市的发展和建筑的演变。这种技法的出现受到人们对美的追求和对自然环境、人类文化的理解和赞美的影响。

写生采风是指艺术家到户外或者在室内实地观察、记录，感受绘画对象的特征、气息、情感等，然后创作绘画作品的过程（如图7-1-1所示）。写生采风是绘画创作中非常重要的一环，因为它能够提供真实、直接、全面的素材和灵感，并且有效地强化和加深对绘画对象的认识和感受，从而提高绘画技法和艺术表现力。

写生采风可以帮助绘画者提高观察能力和素描能力，从而能准确地把握绘画对象的线条、形态、比例和细节（如图7-1-2所示）。

图7-1-1
苏州摄影图/张弢

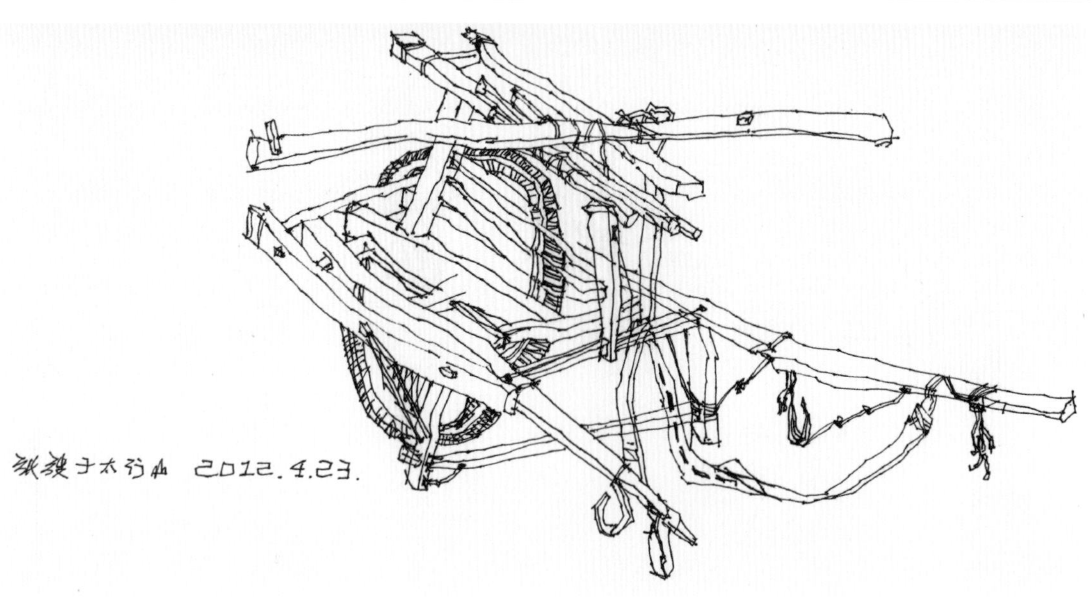

图7-1-2
独轮木推车/张弢

深入理解绘画对象的特点和气息。通过观察、记录和感受，绘画者不仅能够更好地了解描绘对象的形态、颜色和细节，还能够更深入地理解其历史和文化背景，并更准确地表达情感，提升创造力和表达能力，从而使绘画作品更富有灵气和独特性。写生采风是一个不断学习和进步的过程，实践中绘画者会暴露出自己的不足之处，可通过不断地探索和学习来弥补这些不足，从而提高自己的绘画技法和水平。

在古代，绘画艺术受到了很高的重视，许多文人墨客都会外出写生。它是一种艺术形式，可以创作出更加逼真、生动、具有表现力的作品（如图7-1-3、图7-1-4所示）。

图7-1-3
水墨鼓楼图
李夜冰（绘）

图7-1-4
《山水田间》 王维

古代画家的写生范围非常广泛，涉及的领域包括自然风景、生物、建筑、传统习俗等。古代画家进行写生时通常采用笔墨定型和色墨记录的方法。笔墨定形主要是对自然风景、建筑和人物姿势进行定型，用笔墨描绘轮廓和线条等；而色墨记录则是对色彩、光影、纹理等细节进行记录，用以丰富画面的质感和层次感。古代画家写生通常有两种方式，一种是在野外进行纪实性的写生，另一种则是到寺庙和名胜古迹进行研究和学习。在野外写生，需要披草担水携带笔墨，和画友寻找自然中有趣的事物进行描绘（如图7-1-5所示）；而在寺庙和名胜古迹学习时，画家需要了解所绘制内容的历史和文化背景，通过学习了解更多的历史文化信息。古代画家进行写生的目的是多方面的，最主要的是提高自己的绘画技巧和能力，并且深入了解自然、人文和文化背景，以达到师法自然、天人合一的境界。此外，写生也被用于快速记录当时的景象和感受。古代画家的写生活动是多方面的，具有广泛的社会和文化意义，画家通过深入了解自然、人文和文化背景，提高绘画技能和创作力，同时也为当代人提供了传世作品，使后代能够了解和感受古人的智慧与审美情趣。

建筑与风景写生不仅要表现建筑物的外部造型，还要将它们融入自然环境中，通过绘画的手法来表现相互协调的和谐关系。也可以通过创意、改变角度和视角、重新设计构图，展示建筑物在不同时间、天气和季节的不同魅力。建筑与风景写生不仅是绘画艺术中的一种技法，也是一种文化的载体。随着社会和经济的发展，建筑和自然环境的不断变化，这种艺术形式也在不断地演变和发展。在当今的绘画中，建筑与风景写生仍然是一种重要的表现技法，它能够帮助人们更好地了解、欣赏建筑物和自然环境的美，同时也能够传递人类文化的历史和价值。

建筑写生是指艺术家通过手绘或其他绘画方式，记录建筑物的形态和结构，表现建筑物的质感、材料和细节。艺术家会选择不同的角度和视角，从不同的方向来观察和体验建筑物的魅力，从而在绘画中展现建筑物的美，绘画者常常通过深入学习建筑学与历史文化知识，

图7-1-5
山水田间/张永志

来了解建筑物的背景与内涵，更好地表现建筑物的文化价值。例如，在画古代建筑时，会精研建筑的特色、材料搭配、人文背景等，为建筑物注入更深刻的文化意义，将建筑物与它们周围的自然环境结合起来，表达生活与自然融合的意境。在风景写生中，通常会利用不同的视觉效果，凸显自然的气息和场景，例如静谧的湖光山色、流云飘渺的海岸线、优美秀丽的田园风光等（如图7-1-6、图7-1-7所示）。

图7-1-6
风景写生（一）
/张弢

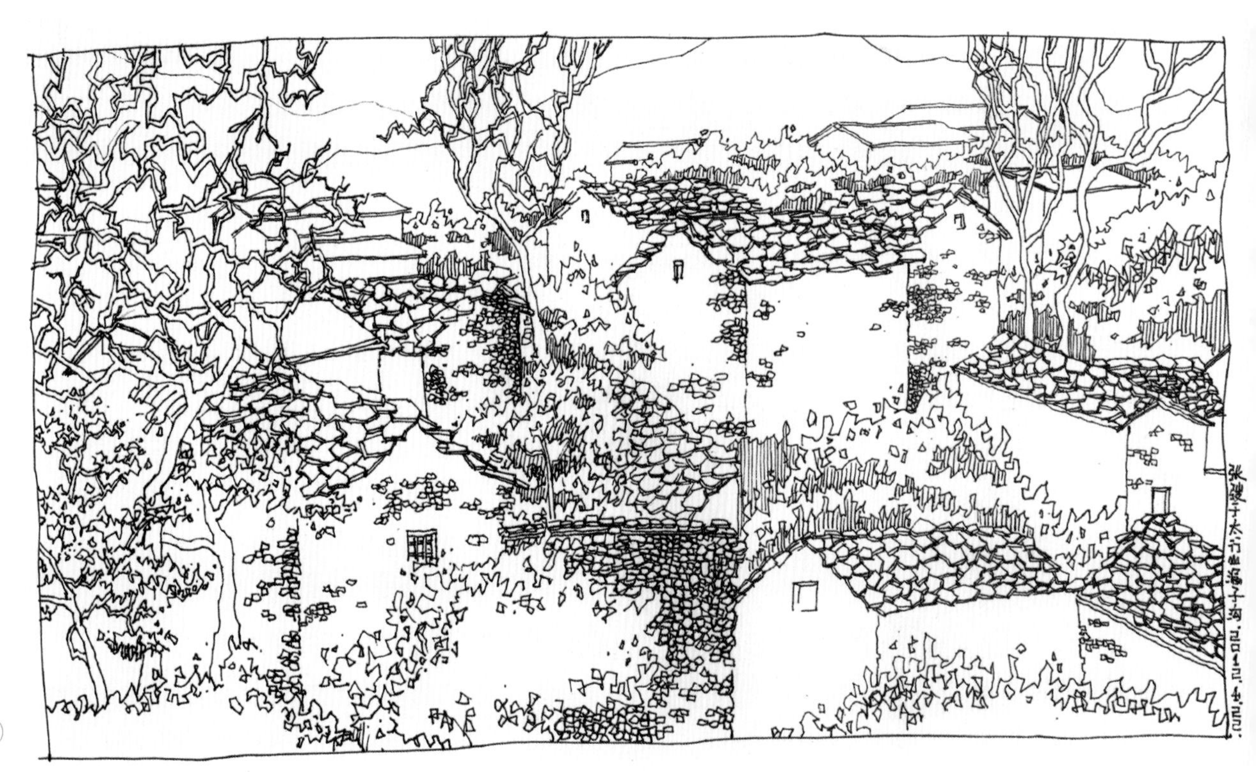

图7-1-7
风景写生（二）
/张弢

通过绘画和记录风景，可以更好地理解自然和风景中的美，捕捉其瞬间之美和永恒之美，表达人与自然的和谐、共生、交融之美。采风写生有助于更好地观察和理解自然风景、人物等，这对于提高速写的观察力和创造力至关重要。在采风写生过程中，需要不断调整自己的视角和手法，从而提高绘画的表现能力。在写生过程中不断锤炼自己的能力，可以在后续的速写练习中更加得心应手，提高速写的质量和效率。采风写生也是速写学习者练习技法和储备素材的重要途径（如图7-1-8所示）。在采风写生中，可以近距离地观察到自然景物、建筑物、人物等，通过对这些素材进行收集和整理，可以积累大量的素材和生动的主题，这些可以在后续的速写实践中得到运用。采风写生对于学习速写具有很大的作用，它可以提高观察力、创造力、表现能力和速写技巧，同时也有助于储备素材和积累经验，对提高速写水平和创作能力都有着非常重要的促进作用。

图7-1-8　秋榭亭台/钱筠

建筑与风景写生是一种生动的、感性的表达方式，它通过视觉形式呈现建筑物和自然环境的美，深化了人们对文化和环境的理解与欣赏。同时，也提供了一个更好地保护和传承人类文化和自然生态环境的思路和途径。

采风写生是一种通过观察自然景物来提高绘画技能的方式，包括采集资料和观察、记录、写生、整理等过程。采风写生的注意事项有以下几点。

1. 选择场地

选择一个适合写生的场地是非常重要的。可以根据自己的兴趣爱好选择，不必拘泥于某一个特定地点，可以选择风景区、建筑群、街头巷尾、公园、河岸湖畔、田野山林等各种自然或人文环境。初学者推荐选择风景较为优美、环境安全、人流比较少而宁静的公园或风景区，选择好场地后可以提前了解当地的天气情况及周边的交通设施（如图7-1-9所示）。

2. 确定主题

确定写生的主题很重要，可以根据自己的兴趣爱好和个人特点来选择，如竞技场上人们的动作、城市角落里的建筑、阳光下的河流、密林中的野兽，还可以根据季节、天气或节日等来确定主题。在确定好主题之后，也可以了解必要的背景知识和技巧，以便更好地捕捉和表现写生主题。

3. 准备材料

根据主题准备好相应的绘画工具和纸张，如铅笔、素描纸、速写本等。如果需要绘制色彩画，还需要准备好颜料、画笔、调色板等。根据不同的绘画材料和作品风格，选择合适的纸张、绘画工具和备用材料，并根据需要配备调色板、颜料、水彩笔或彩铅等用具。此外，还需要准备一些常见的工具，如绘画支架、画板、夹子等，以备不时之需。

4. 考虑时间和天气

根据写生采风的时间，在事先了解天气情况的基础上，选择一个适合描绘主题的时间段。通常写生活动是在阳光充足的时候进行，这样可以更好地掌握光影和空间的表现。如果是夏季的炎热天气要防止被阳光灼伤。

5. 注意安全

写生采风时也要注意安全问题。在室外环境下，需要注意天气变化和人身安全，如防晒、防寒、防雨等，尽量选择安全的地段，防止财物丢失或受到他人伤害。

6. 收集资料

在写生采风的过程中可以积累很多的资料，涵盖建筑、人物、风景、植物等各种素材，记录下心得和体会，对以后的绘画创作会有很大的帮助，可提升创作水平（如图7-1-10、图7-1-11所示）。

图7-1-9
场景写生/张弢

图7-1-10
太行山风景写生（一）/张弢

图7-1-11　太行山风景写生（二）/张弢

第二节
皖南古民居速写要点与方法

皖南古民居是中国南方安徽省南部地区传统民居建筑的代表，其特点是造型优美、韵律感强、花纹精美、富有文化内涵和历史价值。皖南古民居主要分布在宣城、黄山、池州、安庆等地，造型风格各异，共同的特点是木、石、砖、瓦等材料的巧妙组合。在中国民居中，山西民居和皖南民居齐名，一向有“北山西，南皖南”的说法。西递、宏村古民居村落位于中国东部安徽省黟县境内的黄山风景区。西递村已有950多年的历史，现有14~19世纪的祠堂3幢、牌楼1座，古民居224幢。西递村至今完好地保存着典型的明清古村落风貌，有“活的古民居博物馆”之称。宏村始建于1131年，现存明、清古建筑137幢，是中国封建社会后期文化的典型代表——徽州文化的载体，集中体现了工艺精湛的徽派民居特色。

2000年联合国教科文组织将中国皖南古村落西递村、宏村列入世界文化遗产名录。2001年，皖南古村落成为第五批全国重点文物保护单位之一。2011年，皖南古村落被评为国家5A级旅游景区。皖南古村落分布在中国安徽省长江以南山区地带。西递村位于黄山市黟县东南部的西递镇中心，村落面积12.96公顷，东西长700米，南北宽300米。宏村位于安徽省南部的黟县县城东北11公里处，现为宏村镇的驻地。整个村落坐北朝南，背靠黄山的余脉雷岗山，西面有邕溪河和羊栈河流淌而过。

皖南古民居的建筑风格主要分为四种：其中最典型的是木结构悬山式建筑，也有土木结构、砖木结构、石木结构等不同类型。这些古民居主要分为三个部分：中厅、左右厢房和后院。中厅通常是一间较大的正厅，作为家庭集会和接待客人的场所，在装修上通常以屏风、墙壁和家具摆设为主。左右厢房用于居住，其中“正房”通常用于家庭长辈居住，侧房作为子女和家庭女性居住的场所。后院通常用作种植蔬菜、果树和草药等植物的园地，并设有厨房、水井和粮仓等设施。皖南古民居的建筑形式、结构、材料和装饰等，反映了中国南方农村经济、文化、宗教和社会风貌的多样性。这些古民居充分利用当地的山石、砖瓦、木材等自然资源，传承了当地百姓的智慧和劳动技能，在世界建筑史上具有重要的地位和价值，对于传承中国的历史文化和优秀传统建筑文化具有重要意义。

皖南古民居具有十分重要的建筑价值，古宏村人规划、建造的牛形村落和人工水系，堪称建筑奇观。巍峨苍翠的雷岗为牛首，参天古木是牛角，由东而西错落有致的民居群宛如庞大的牛身。引清泉为“牛肠”，经村流入被称为“牛胃”的月塘后，经过滤流向村外被称作是“牛肚”的南湖。人们还在绕村的河溪上先后架起了四座桥梁，作为牛腿。这种村落水系设计，不仅为村民解决了消防用水，而且调节了气温，为居民生产、生活用水提供了方便，创造了一种“浣汲未防溪路远，家家门前有清泉”的良好环境。全村现保存完好的明清古民居有140余幢，古朴典雅，意趣横生。这里是国内最重要的写生基地之一，突出展示了长江中下游地区古建筑群的风格与营造法式（如图7-2-1所示）。

图7-2-1　桃花源/张弢

皖南古民居是中国南方地区传统民居建筑的重要代表。南方地区，包括安徽、江南等地，气候湿润多雨、温暖潮湿，水系发达，遍布河溪和湖泊，因此，传统民居的设计和建筑风格对气候和环境的适应性非常高，形成了各具特色的建筑形式。而作为南方地区的代表，安徽南部地区的皖南古民居在建筑风格、结构和装饰等方面有其独特之处。

除了建筑的结构形式之外，古民居的装饰风格也十分精美。通常采用洛阳花鸟、湖州绸锦、绫锦、鹜起绣等不同种类的织物进行装饰。诸如故事、神话、自然景观和生物图案等丰富的壁画被描绘在房屋的不同位置，无论是宴会现场、剧院、厨房还是家庭祖先的祭祀场所，都可以看到这些壁画的身影。这些图案及图像，为中国古代民居营造了浓厚的文化氛围（如图7-2-2所示）。

下面介绍几个皖南地区典型的古建筑群、村落的代表。

1. 安徽省黄山市黟县西递古村落

西递是安徽省最著名的古村落之一，是中国传统建筑中高度精致水乡建筑的代表之一。古村落布局紧凑，木屋沿溪而建，构成了具有独特美感的“水韵人家”场景，被誉为“人间仙境”。这里的建筑除了以传统石雕、木雕和漆画等加以装饰外，还保存了檐廊、回廊、中式凉亭、双角飞檐等，展现了中国南方传统民居建筑风

图7-2-2　徽派建筑速写（一）/杜音然

格。这些建筑拥有独特韵味，非常适合艺术家进行采风创作。

2. 安徽省黄山市黟县宏村古建筑群

宏村是中国古代建筑的代表性乡村之一，被誉为“华南第一村”，建筑风格多样，包括明清古民居、楼阁、宫殿式园林等，展示了中国古代建筑优美的艺术性。宏村是旅游资源非常丰富的古村落，村落中的园林建筑非常适合采风写生，尤其是春秋楼、南湖历史名园、呈海楼、漱石亭这些建筑，风格独特，非常适合进行描绘（如图7-2-3所示）。

3. 安徽省黄山市屯溪老街

屯溪老街是一条保存较为完整的古老商业街，曾经是徽州商贾重镇，拥有众多的传统吊脚楼、主街和胡同，建筑造型独特，保留了丰富的文化内涵，是观察皖南地区古建筑风格的好地方。

4. 安徽省宣城天长古城

天长古城是中国重要的历史文化名城之一，是中国文化史上的重要物质遗址之一。城内有保存完好的明清式建筑1542座，其中规模较大的有宋璟祠、大梅庵、望海楼等，观赏价值很高。

这些古村落向人们展示了中国古代建筑艺术的精髓，使人们更好地了解和感受中国的历史和文化。

图7-2-3　徽派建筑速写（二）/张弢

第三节
皖南古民居速写练习

皖南地区的自然风光非常优美，有大量的山水景观和历史文化遗迹，很适合采风写生。以下是在皖南地区采风写生需要做的准备。

1. 了解当地气候和景观

了解皖南地区的气候和季节变化，选择合适的时间进行采风写生。皖南地区四季分明，春季温暖潮湿，夏季炎热多雨，秋季宜人干爽，冬季寒冷干燥。同时也要了解当地的自然景观和人文地理，根据自己的兴趣和创作主题选择合适的场景。皖南地区的自然景观丰富多样，包括金字塔山、徽杭古道、天柱山、齐云山、二龙山、黄山等著名景点，不仅有山水之美，还有苏皖古村落、皖南民俗文化等，这些都是采风写生的绝佳素材。

2. 准备创作工具

准备好不同种类和规格的画笔、画布、颜料、修正液、瓶装清水等创作工具，以及调色板、画架、画夹、橡皮、擦带等附属用品。另外，也要带上防护衣物、胶带、雨伞等其他可能用到的物品。艺术创作用品是进行采风写生的重要装备之一。画笔、画布和颜料是基本必备品，其余如画架、橡皮、防护材料等则因人而异。画笔的长度、大小和硬度应根据需要进行选择。在选择画笔时，不一定要最好，而是要选择适合自己风格和技法的画笔。画布是绘画过程中至关重要的部分。一般采用白色的质地良好的丝绸，称为“桐框布”，其纤维细密、强度高、挺度好，平整而不产生褶皱。在采风现场，也可以用水彩纸、素描纸、画板等进行写生练习。颜料的选择应该根据个人的熟悉程度、创作习惯和画风特色来选购。不同的颜料会产生不同的效果，例如，国画颜料更为纯粹，能够表现出水墨的灵动和墨香。而油画颜料和水彩颜料则可以表现出更为细致和瑰丽的效果。

3. 选择合适的旅游路线和交通工具

皖南地区山水环境优美，但地域较广，出行需要制订合理的计划。皖南地区景点较为分散，不同景点之间也有一定的距离，选择好合适的旅游路线和交通工具，可以更好地进行采风写生活动。可以选择参加旅游团或者自驾游。通过参加旅游团可以让自己更快地了解当地的景点和文化历史，同时也能够更好地了解当地的习俗和风情。自驾游的好处在于可以自由行动，根据自己的行程和时间进行安排，也能够更好地了解皖南地区的风土人情和历史文化。

4. 保护环境和遵守当地法律法规

在采风写生之前，应该了解当地的法律和规定，同时还要了解自然环境和当地人文景观。要保持尊重人文、自然环境与文化的态度，在采风写生期间遵守行为准则，保护野生动物和植物，不破坏自然环境。另外，在皖南地区采风写生时还需要注意自身的安全。这意味着采风活动中，不能逾越禁区，更不能去危险的区域进行创作。在紧急情况下，应该及时报警或联系相关机构寻求帮助。

5. 结交艺术家和旅游同伴

在皖南地区采风写生期间，可以结交更多的艺术家和旅游同伴，相互交流经验和技巧，传递灵感和情感，增进相互之间的了解和友谊，也是很重要的一点。参加艺术展览和展销会等活动，可以听取其他优秀艺术家的意见，获取宝贵的经验和技巧，可以大大促进自己的创作，提升自己的艺术才能，增强对绘画和速写采风的自信心。

请完成以下皖南古民居速写练习，如图7-3-1~图7-3-3所示。

图7-3-1 皖南古民居速写/张弢

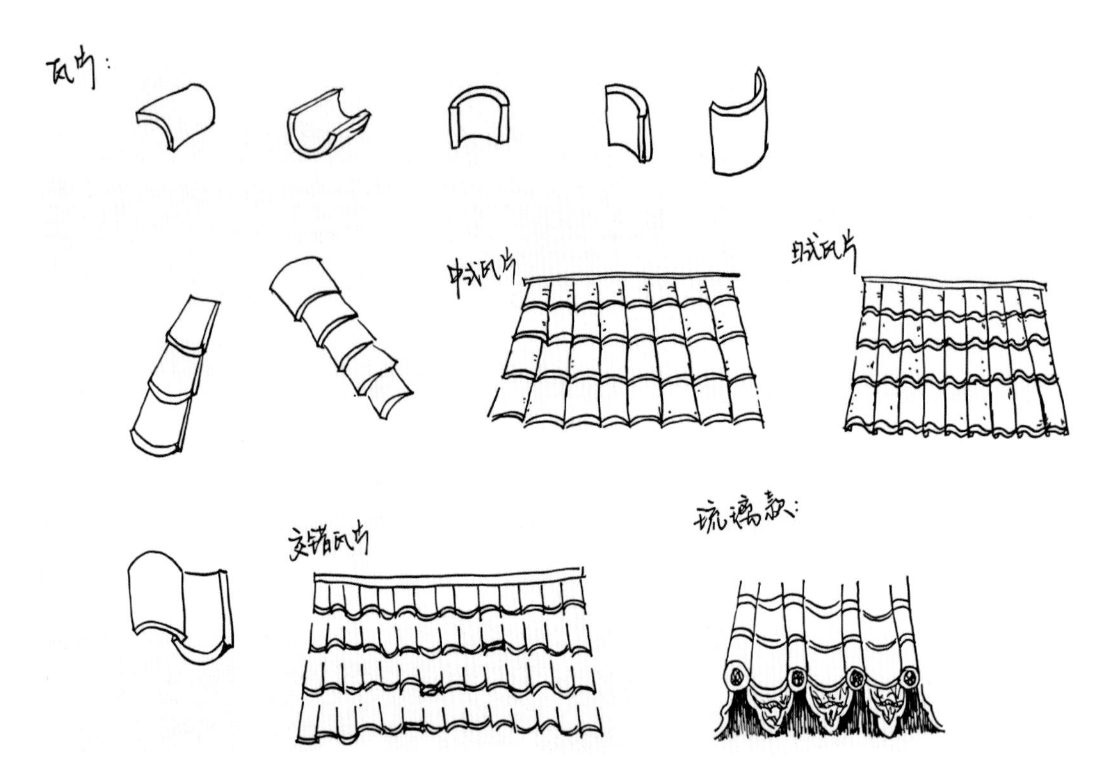

图7-3-2
瓦片的排列方向

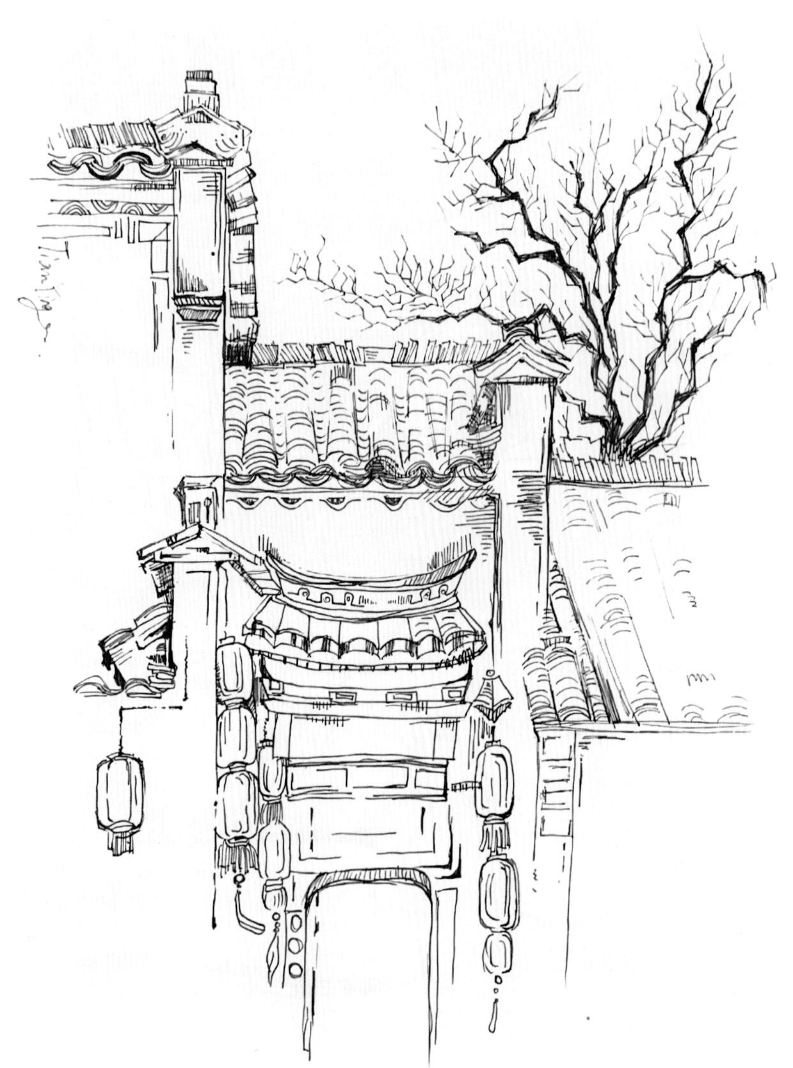

图7-3-3
皖南古民居速写
学生作品/田颖

第四节
山西古民居速写练习方法

山西古民居是中国传统民居建筑的一个重要流派。山西古民居中，最富庶、最华丽的民居要数汾河一带的民居了，而汾河流域的民居，最具代表性的又数祁县和平遥。山西古民居与其他地区传统民居的共同特点都是聚族而居，坐北朝南，注重采光；以木梁承重，以砖、石、土砌护墙；以堂屋为中心，以雕梁画栋和装饰屋顶、檐口见长。

山西的村落无论大小，很少没有门楼的。村落的四周，并不一定都有围墙，但是在大道入村处，必须建一座标志性建筑物，提醒人们又到了一处村镇。河北境内虽也有这种布局，但不如山西普遍。山西古民居的建筑也非常复杂，由最简单的穴居到村里深邃富丽的住宅院落，再到城市中紧凑细致的讲究房子，颇有许多特殊之处。

穴居之风，盛行于黄河流域，散见于河南、山西、陕西、甘肃诸省，龙庆忠先生在《穴居杂考》一文中，已讨论得极为详尽。穴内冬暖夏凉，颇为舒适，但空气流通性差，是一个大缺憾。穴窑均作抛物线形，内部有装饰极精者，窑壁抹灰，甚至用油漆护墙。窑内除火炕外，还有衣橱桌椅等家具。穴窑时常建在削壁之旁，成一幅雄壮的风景画。砖窑并非烧砖的窑，乃是指用砖发券的房子。虽没有向深处研究，若说砖窑是用砖来模仿崖旁的土窑，当不至于大错。这是因为习惯了穴居的人，要摆脱土窑的短处，如潮湿、土陷的危险等，而保存其长处，如高度的隔热力等，所以用砖砌成窑形，三眼或五眼，内部可以互通。为了压制向下的推力，故在两旁须用极厚的墙墩；为了使券顶坚固，故须用土作撞券。这种极厚的墙壁，自然有很高的隔热力。

磨坊虽不是一种普通的民居，但是住着却别有风味。磨坊利用急流的溪水做动力来源，所以必须引水入室下，推动机轮，然后再循着水道流入山溪。因磨粉机不停震动，所以房子不能用发券，而用特别粗大的梁架。因求面粉洁净，坊内均铺光润的地板。凡此种种，都使得磨坊成为一种舒适凉爽，又富有雅趣的住处。从布局来看，山西的村野民居，最善利用地势，就山崖的峻缓高下，层层叠叠，自然成画。使建筑在它所在的地上，如同由地里长出来，权衡适宜，不带丝毫勉强。

山西古代建筑博大精深，具有浓郁的中国文化和山西地域特色。其中，有数不尽的古民居，代表了山西古代建筑的高度成就。以下是一些杰出的代表。

1. 平遥古城

平遥古城位于山西省中部，距今已有2700多年的历史。它是中国保存最完整的明清古城之一，被联合国教科文组织评为世界文化遗产。其保存了大量历史建筑，是中国现存最完整的古城之一，被誉为中国明清古建筑博物馆。其中，有许多代表性的古民居，如龙泉山庄（如图7-4-1所示）、史家园、贾家庄园等，都是明清时期的杰出代表。

2. 悬空寺

悬空寺也是山西省的著名古迹之一（如图7-4-2所示），建于1600多年前，是一座依山而建的古建筑群落。寺庙悬于绝壁之上，巍峨壮观，被誉为“东方第一奇观”。悬空寺位于山西省恒山南麓的峡谷中，与悬崖之间仅有几十厘米的距离，是一座具有2500多年历史的古建筑。整个寺庙有40多个殿堂、两座楼阁、一座舍利塔等，全部依据山势而建，通过悬挑、悬吊、悬垂等高难度建筑技术实现了建筑在绝壁上空如飞的效果，是古代建筑和佛教艺术的杰出代表。

3. 木塔寺

木塔寺位于山西临汾市，始建于唐朝，是中国现存规模最大、保存最完好的木质结构古建筑之一（如图7-4-3所示）。它是一座独特的多层塔式寺庙，总高67米，十分巨大。木塔寺位于山西省吕梁市交口县境内，是一座始建于唐朝的佛教寺庙。它是中国目前保存最完整，规模最大的木质建筑群之一，全部由高处伐取的松柏木料建造而成。在木塔寺内，有第一殿、大雄宝殿、藏经阁、住持房等建筑，都是中国木结构建筑的精品，也展示出了中国古代木工艺术的高超成就。

图7-4-1　龙泉山庄

图7-4-2　悬空寺

4. 阳泉古城

阳泉古城位于山西省中北部，是中国历史文化名城之一，史称驿城，有数千年的历史，有许多古代建筑如官厅、天涯井、千佛洞（如图7-4-4所示）等都是杰出代表，反映了山西本土传统文化和经济发展的历史。

5. 洪洞古城

洪洞古城位于山西省东部，始建于明代，古城内有大量明清时期的古建筑，是全国重点文物保护单位，也是中国历史文化名城之一（如图7-4-5所示），代表了山西古代建筑的高度成就和中式古典建筑的综合艺术水平，有壶街、龙泉寺、龙泉岩窟、阿旺家大院等一系列古建筑，代表了山西地域特色和古建筑风格，吸引了众多绘画者、建筑师等前来参观学习。

图7-4-3　木塔寺

图7-4-4
千佛洞

图7-4-5
洪洞古城

第五节
山西古民居速写练习

山西是一个拥有较多古老民居建筑的地方，有城堡式的土楼、四合院、汉式庭院、院落式住宅等多种建筑形式。如果要到山西进行古民居采风写生，需要注意以下几点。

1. 了解山西古代建筑的风貌和特点

山西的古建筑非常精美，建筑形制、结构特点、装修、雕刻等都很有特点，绘画时需要充分了解这些信息，以便更好地捕捉其特色，从而准确地展现建筑的个性和特色。

2. 选择好画材和画法

绘画时可以选择水彩、油画等表现手法，这些材料都需要配合光影效果和灰色调子，才能达到比较真实的效果。不同的材料和画法能够呈现不同的视觉效果，因此在进行古民居采风绘画时需要选择适合的画材和画法。例如，水彩画可以表现出细腻的质感，而油画则能够表现出厚重感和层次感，因此需要根据绘画的主题和所选建筑物的特点来选择合适的绘画材料和画法（如图7-5-1所示）。

图7-5-1
场景油画/马骏

3. 注意比例关系

在绘画时，需要准确地反映出建筑的高度、宽度、厚度等比例关系，以保证绘画的真实性。一般来说，建筑物的建筑比例应该尽量考虑到空间感和人物比例的协调性，这样才能更好地表现出建筑物的特色。

4. 着重表现建筑材料的质感和纹理

在绘画时可以选择带有粗糙感觉的纸张，或利用绘画用小型画刀或者毛笔，以便更好地表现出古民居建筑物的质感和纹理特征。建筑物的材料特点也是其外观特征之一，例如木材、黄土、砖石等，都有其特定的纹理和质感。在绘画过程中，需要做好纹理和质感的表现，这样才能展示建筑物的特征和细节。

5. 注意角度和光影的处理

进行绘画时，需要注意角度和光影的处理，特别是在绘制建筑物的外观时，需要考虑到不同的视角和景深，这样才能让观者感受到建筑物的真实感和立体感。同时，光影处理也是非常重要的，可以通过用色和层次的变化进行表现（如图7-5-2所示）。

在进行山西古民居采风绘画时，需要综合考虑建筑物的特点和细节，选择合适的画材和画法，并注意比例、材料质感和光影效果的处理（如图7-5-3所示）。只有这样，才能让观者深刻感受到建筑物的神韵和文化内涵。

请完成以下山西古民居速写练习，如图7-5-4~图7-5-6所示。

图7-5-2　场景速写/杜音然

图7-5-3　山西古民居速写/张弢

图7-5-4　高家台村速写/张弢

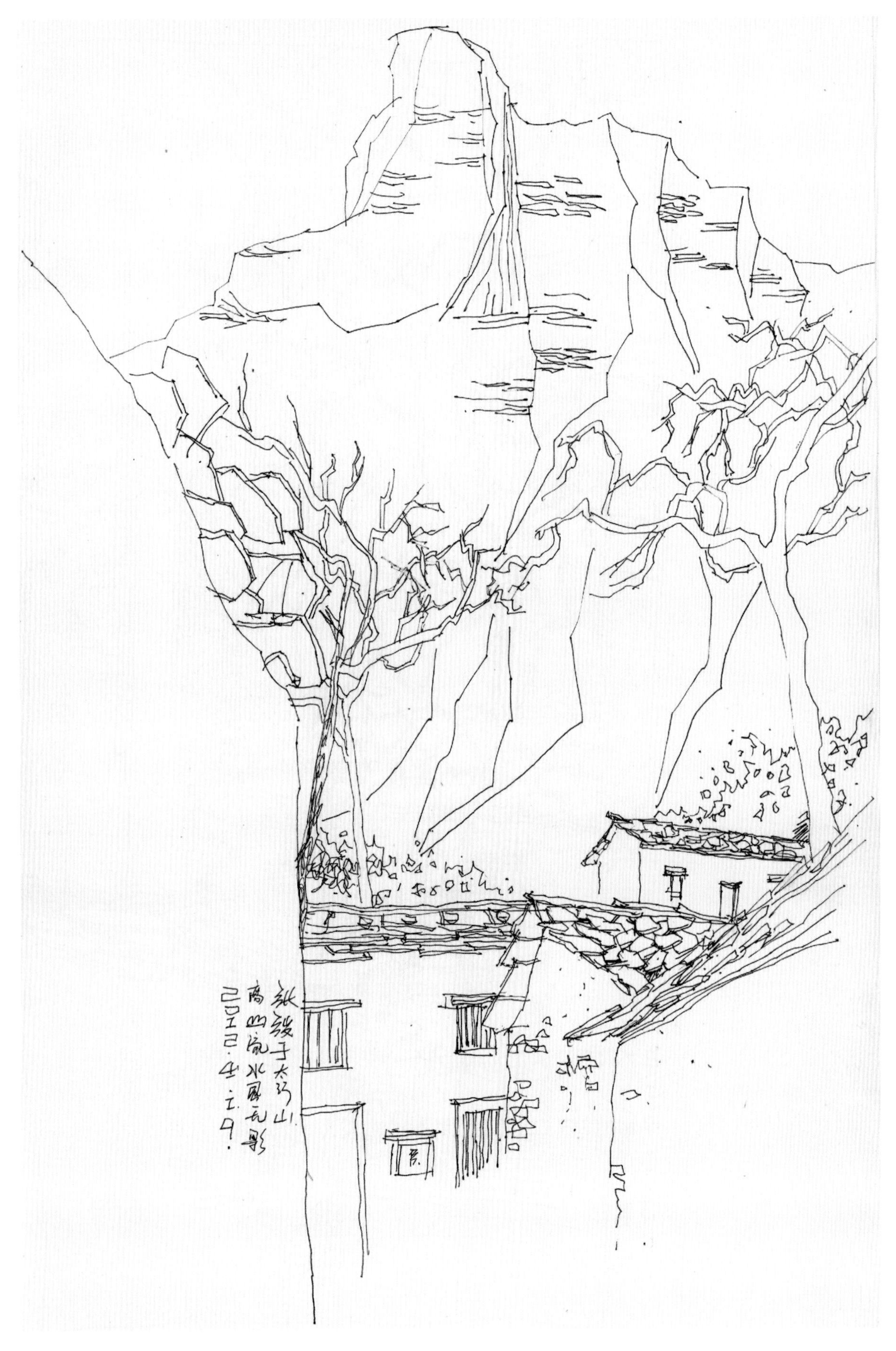

图7-5-5　太行山自由速写（一）/张弢

图7-5-6
太行山自由速写（二）
/张弢

✣ 本章小结

皖南古民居和山西古民居是中国传统建筑中的两个代表，它们以独特的建筑风格和文化内涵而蜚声中外。写生是一种重要的表现手法，对于描绘古民居的特色和韵味非常有帮助。在写生时，应该深入了解当地古民居的特点和文化内涵，以达到更准确、更充分的表达。

一、针对皖南古民居

① 重视色彩的变化和对比，并注意渲染建筑材料、特色雕刻等细节，加强对古建筑的美感体现。

② 注重观察建筑的形制、结构和布局，应注意到不同建筑物之间的关系，以及建筑物与周围环境的协调性。

③ 突出山水背景，可以将古建筑物融入自然环境之中，凸显皖南地区独特的山水风貌。

二、针对山西古民居

① 注重建筑物的比例和细节的表现，尤其是对石雕、木雕等细节的描绘，可以增强古建筑物的韵味。

② 要注意到建筑物之间的相互关系，以及建筑物与周围环境的协调性，展现山西古民居独特的建筑风格。

③ 着重表现山西古民居的光影效果和氛围，可以通过色彩的变化和对比，以及光影的处理等手法，表现出建筑物的立体感和立体效果。

对于皖南古民居和山西古民居的写生，都需要注重对当地古建筑风格和文化内涵的深入了解和体验，以此来准确地展现古建筑的韵味和特色。同时，在写生中注重色彩的变化和对比、建筑物的比例和结构，以及光影效果的处理和突出山水背景等，从而让古建筑的形象更加准确、生动和有趣。

✣ 复习思考题

① 风景写生的基本透视关系是什么?

② 风景速写中的观察方法有哪些?

③ 形象的刻画和画面组成协调律上需要强调些什么?

✣ 扩展阅读

中国民居建筑类型

我国民族多，幅员辽阔。不同的环境、气候、风土人情、文化习俗等，造就了不同的生活居住环境。历史上人们建造住宅因地制宜、因材致用，形成了一系列的建筑技术。中国民居构筑类型最具代表性，它既存在于线性的历史发展中，又跨越地区的限制。以现存明、清住宅为实物依据，分析如下。

1. 木构抬梁、穿斗与混合式

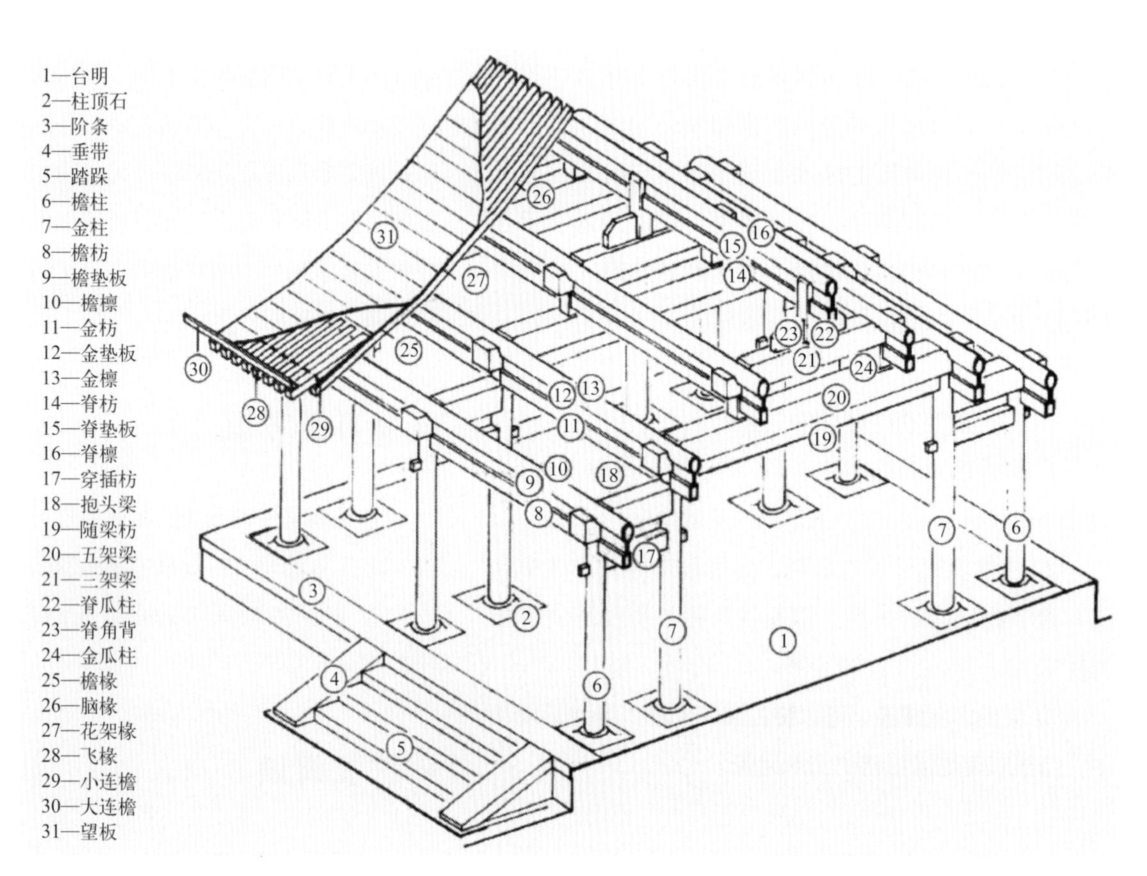

北京四合院正房抬梁式

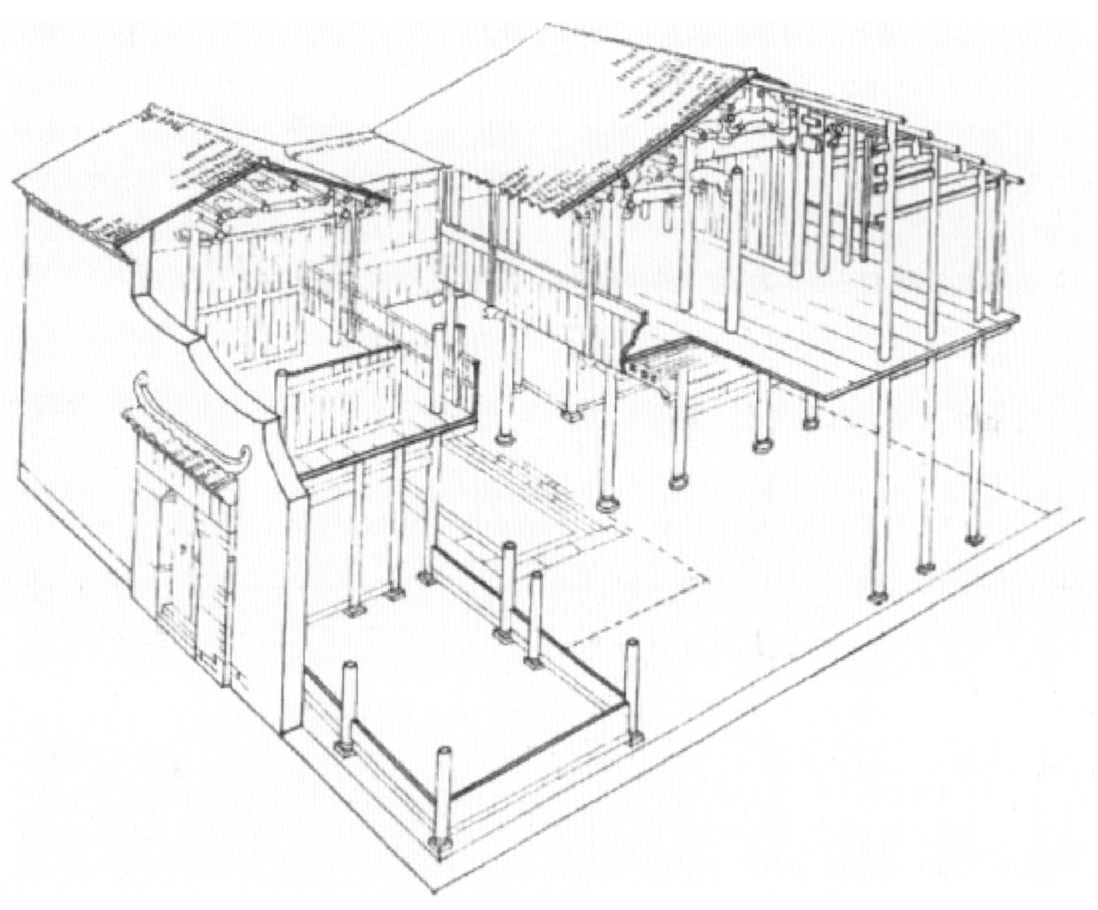

皖南住宅抬梁、穿斗混合式

2. 竹木构干阑式

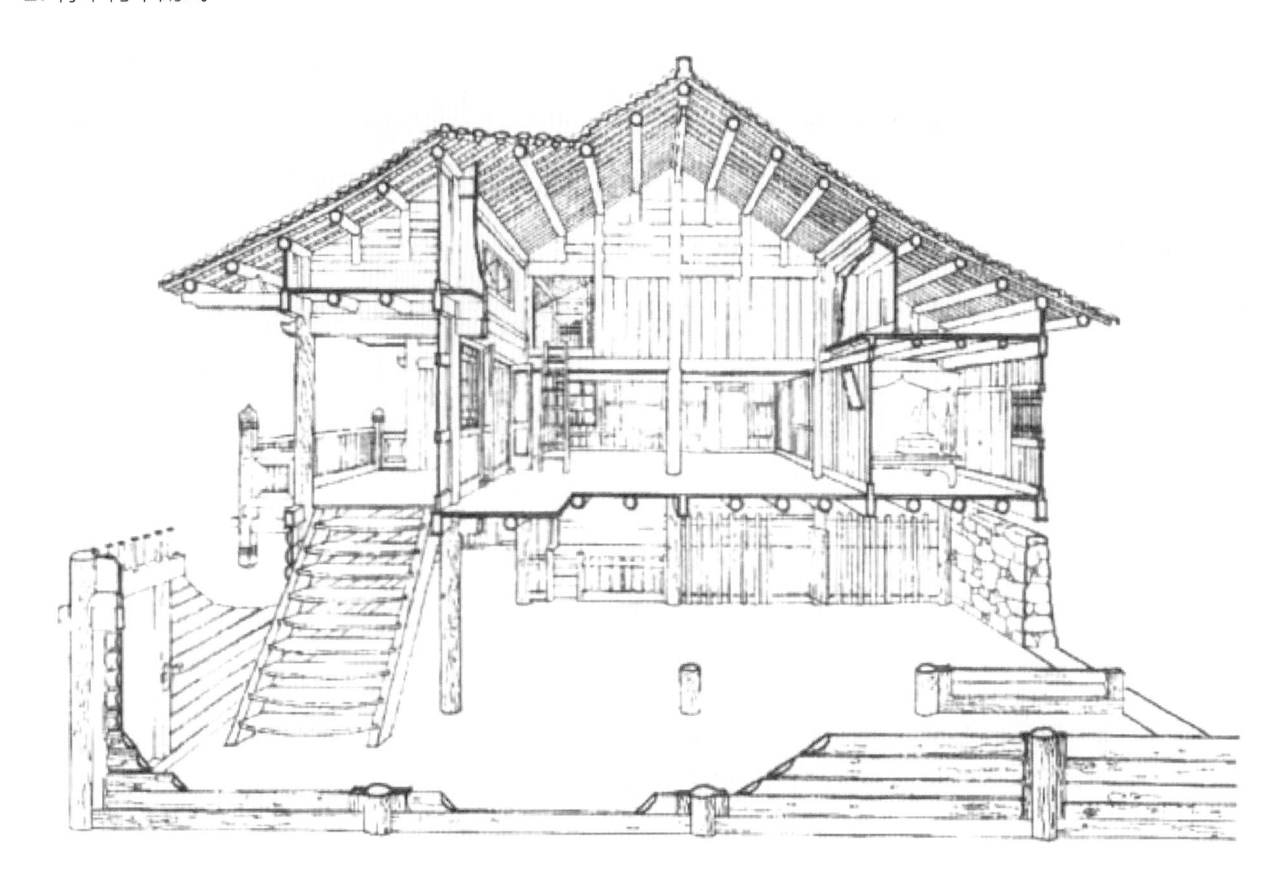

壮族干阑式住宅（亦称麻阑）

3. 木构井干式

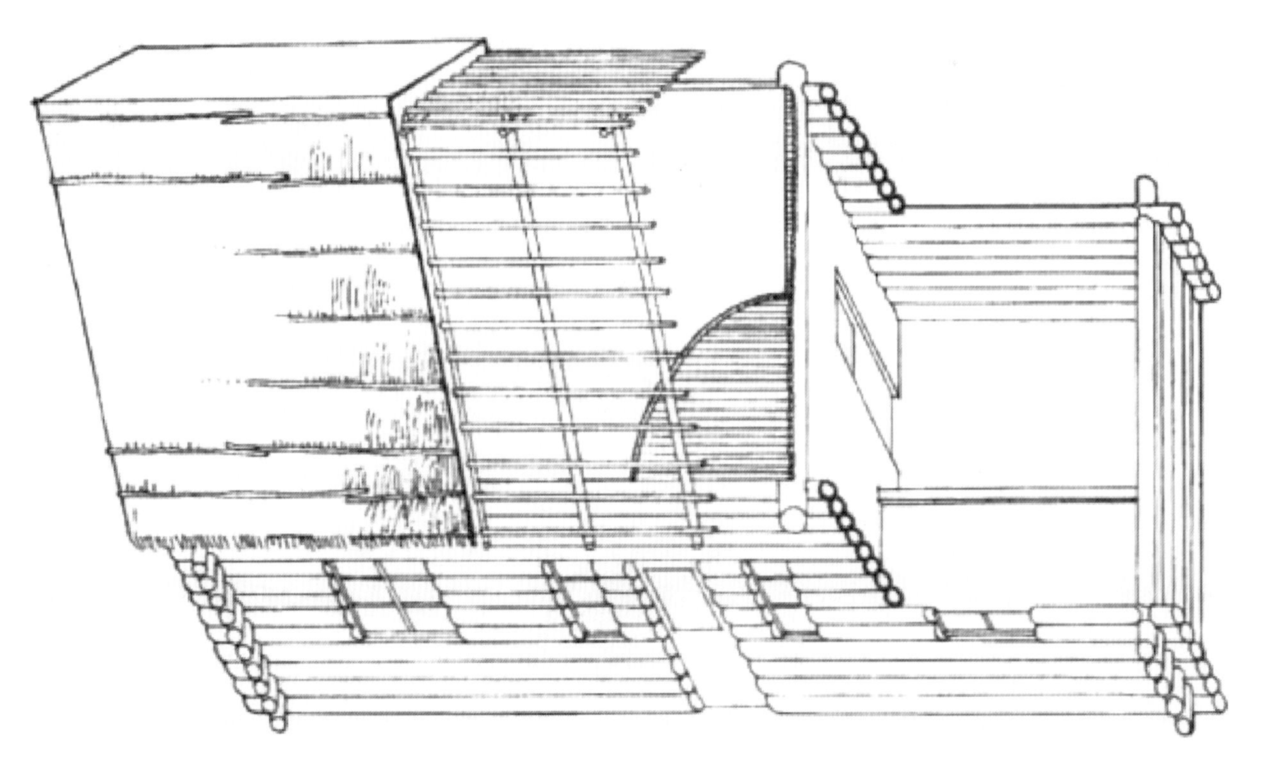

东北木构井干式住宅

4. 砖墙承重式

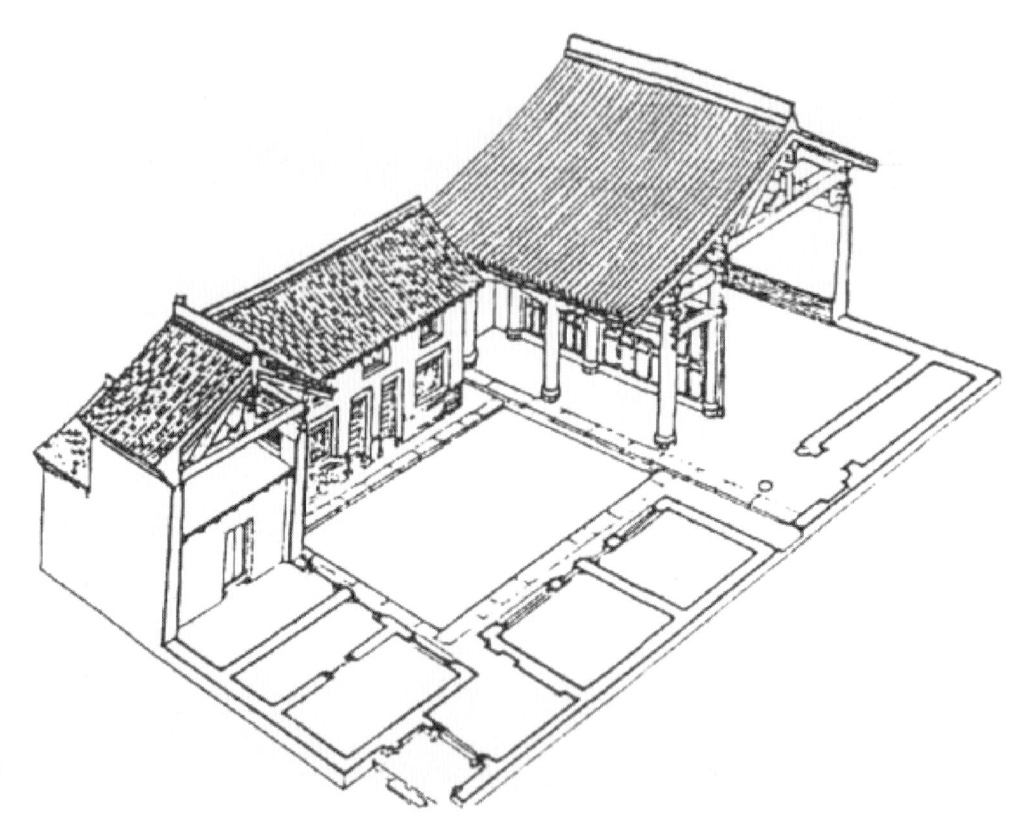

山西襄汾砖墙承
重式住宅

5. 碉楼

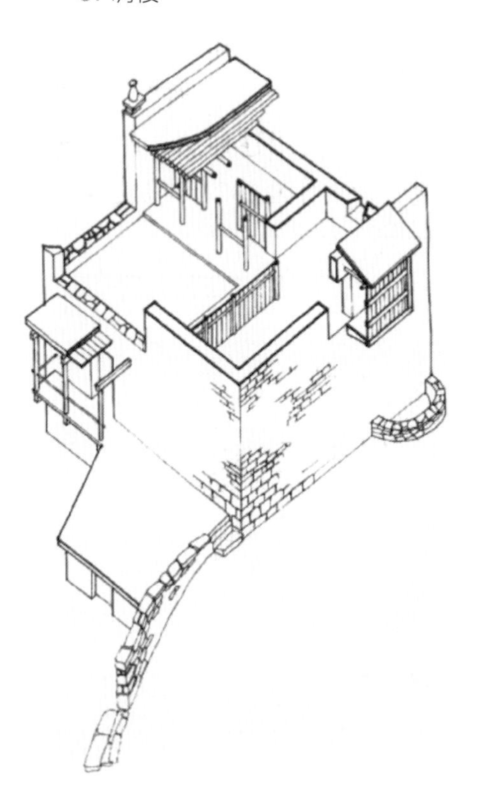

西藏碉楼

6. 土楼

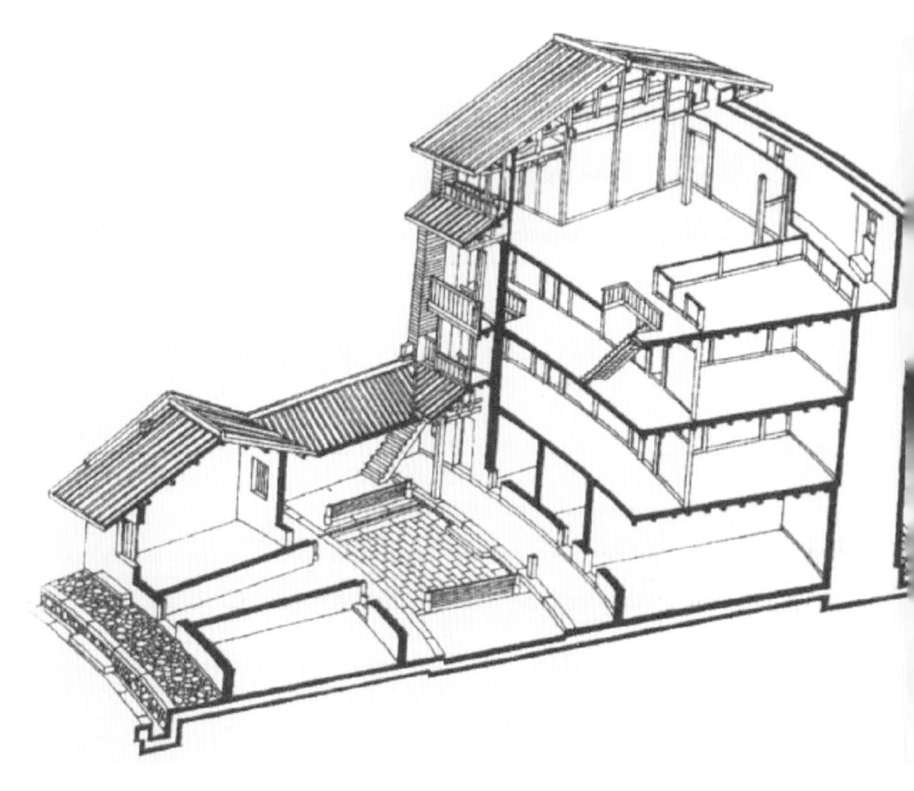

夯土而筑的客家土楼

7. 阿以旺

“阿以旺”是新疆维吾尔族常见的一种住宅建筑，有三四百年历史。土木结构，平屋顶，带外廊，是一种带有天窗的夏室（大厅），中留井孔采光，天窗高出屋面40～80厘米，供起居、会客之用，后部做卧室，亦称冬室，各室也用井孔采光。阿以旺顶部以木梁上排木檩，厅内周边设土台，高40～50厘米，用于日常起居。室内壁龛甚多，用石膏花纹作装饰，龛内可放被褥或杂物。墙面喜用织物装饰，并以其质地、大小和多少来标识主人身份与财富。屋侧有庭院，夏日葡萄架下，可作息生活。

8. 毡包

毡包主要是以游牧生活为主的牧民居住的建筑形式。先秦即有此种建筑，汉时常见于记载，唐时牧民也喜用之，取其逐水而居、迁徙方便之利。元代，因少数民族统治之故大量使用，且有定居式的毡包了。

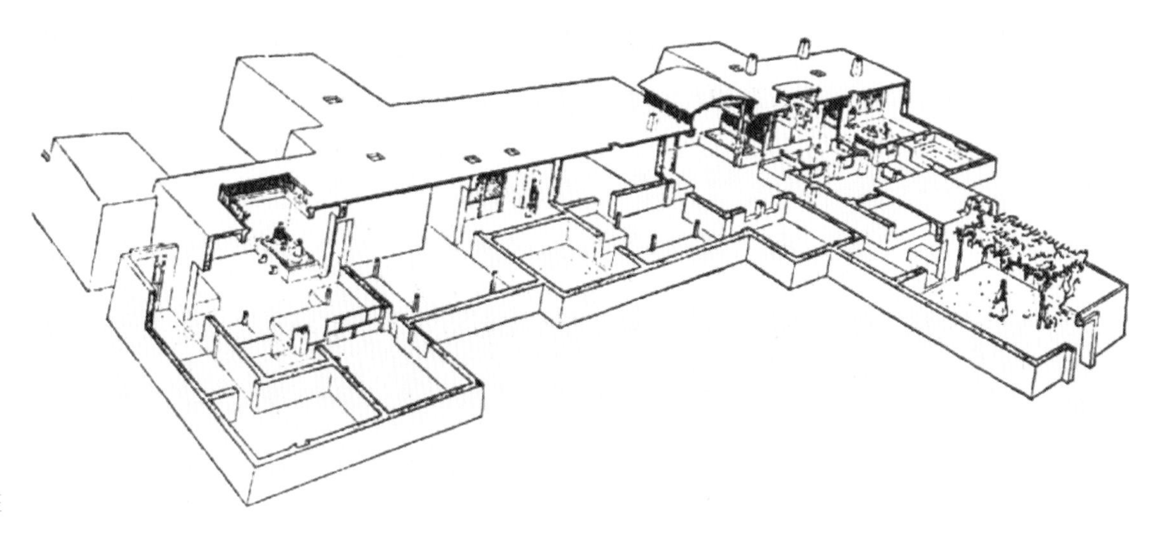

新疆阿以旺

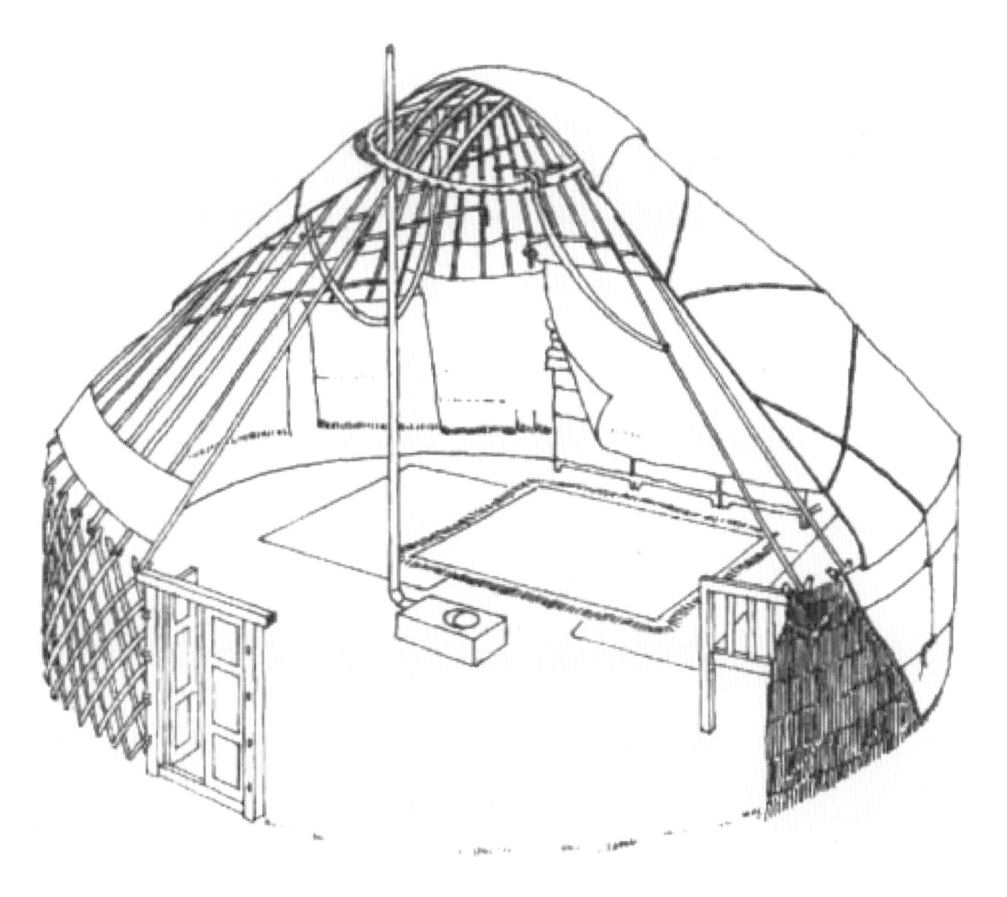

毡包

第八章 建筑与风景速写综合练习

◈ **学习目标**

数字化绘画与传统绘画不同。学习数字化绘画首先要了解数字化绘画的绘画方式与工具、软件，然后学习数字化绘画技巧，进行训练与创作。同时，照片转译也是建筑与风景速写综合练习的一环，照片转译相对于风景写生，同样也有独特的技巧。

◈ **能力目标**

了解并尝试数字化绘画，将数字化绘画与传统绘画进行对比，了解双方的优点和特点。练习照片转译方法，尝试多场景的照片转译。

◈ **知识目标**

① 了解数字化绘画的特点与工具。

② 掌握数字化绘画技巧并练习。

③ 理解照片写生与转译速写。

第一节 数字化绘画

数字化绘画，是指通过计算机和绘画软件实现的绘画创作形式。它不仅拥有传统绘画技法、特点和基础，还结合了数字技术，将艺术表现与创新结合在一起。数字化绘画在技术、工具、介质等方面有很大的革新，下面详细介绍。

一、工具与设备

数字化绘画使用不同的硬件设备来进行创作，主要工具有绘图板（数位板）和显示器，以及各种绘画软件。通过这些设备，可以轻松地在计算机上进行绘画创作，而不需要使用纸和笔等传统工具。

1. 数位板（绘图板）

类似纸张的电子设备，上面有一个可感知压力的表面。可以使用数字笔（手写笔）在数位板上涂鸦、写字，而无需与显示器直接接触。数位板可以识别笔尖的压力、角度和速度，从而实现更为精细和自然的绘图效果（如图 8-1-1 所示）。

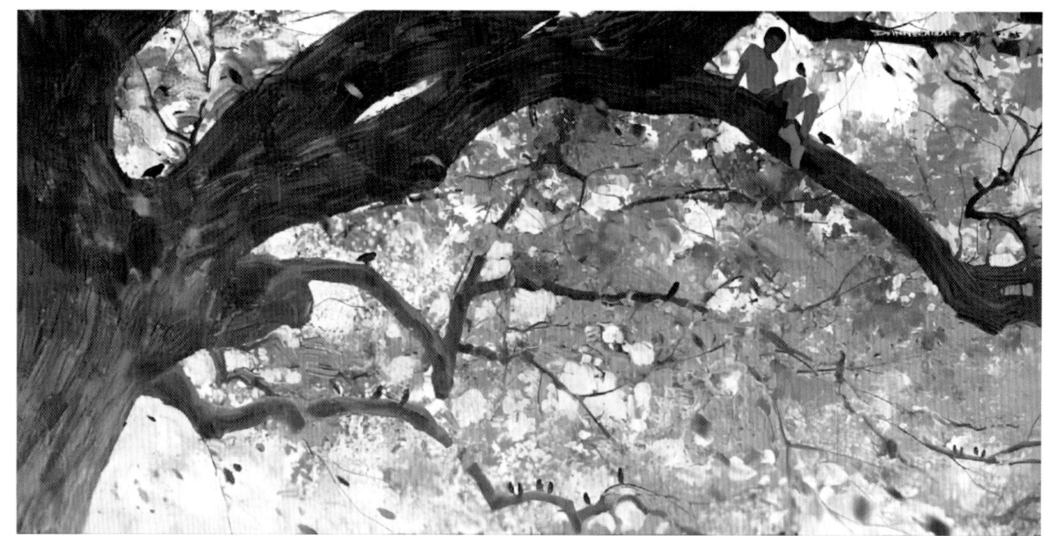

图 8-1-1
数位板画

2. 数位屏

数位屏是一种触摸式的显示器，可以直接在屏幕上绘画（如图8-1-2所示）。它集成了数位板和显示器的功能，让使用者能够更直接查看和操作他们的作品。常见的数位屏品牌有Wacom、Huion、XP-Pen等。

3. 电脑或平板电脑

电脑或平板电脑是数字化绘画的载体，提供了足够的处理能力和存储空间以运行绘画软件。此外，一些触控设备（如平板电脑）也可以直接进行绘画创作（如图8-1-3所示）。

图8-1-3　平板电脑

二、绘画软件

有许多专门用于数字化绘画的软件，如：Adobe Photoshop、CorelDRAW、SketchBook Pro、Procreate、Krita等，用Procreate创作的绘画作品如图8-1-4所示。

图8-1-2　数位屏绘画

图8-1-4　用Procreate创作的绘画作品

这些软件鼓励使用者在其自带的无穷画布上自由创作，同时提供了丰富的画笔效果和操作手法，满足各种风格的创作需求。绘画软件是数字化绘画的核心，它们拥有丰富的绘画工具、特效和图层编辑功能。以下介绍一些常用的绘画软件。

（1）Adobe Photoshop

一款功能强大的图像编辑和绘画软件，广泛应用于设计、摄影、绘画等领域，它拥有强大的图层功能和滤镜效果，适用于各种绘画风格。

（2）CorelDRAW

一款矢量图绘画软件，适用于插图、海报、标志（logo）设计等。它具有强大的矢量编辑工具和镜像绘制功能。

（3）SketchBook Pro

一款专为绘画者设计的软件，简洁的界面和直观的操作使得绘画过程变得更加便捷。它适用于手绘、速写、概念设计等。

（4）Procreate

一款流行的平板电脑绘画软件，拥有丰富的画笔效果和实用功能，如录屏、自定义画笔等，广受插画师和动漫画家的喜爱。

（5）Krita

一款开源的绘画软件，拥有丰富的画笔和自定义功能，适合绘画、动画和特效制作等。

三、技巧与技法

需要掌握软件的使用技巧，以便更好地实现创意构想。虽然数字化绘画具有相当多的自动化效果，但绘画者仍然需要具备以下基础技能。

（1）传统绘画基础。了解色彩理论、构图、光影、透视等传统绘画知识。

（2）软件操作技能。熟练掌握绘画软件的使用方法和技巧，包括图层操作、画笔设定、滤镜效果等。

（3）创意思维。具备丰富的想象力和创造力，能够把自己的想法表现在画布上。

（4）观察能力。善于观察生活，形成自己的艺术视角和特点。

四、优势与劣势

数字化绘画是使用计算机软件进行绘画创作的一种方式，而传统绘画是使用传统画材进行创作的方式。数字化绘画与传统绘画相比，存在以下优势和劣势。

1. 优势

（1）可以随时保存和编辑

数字化绘画可以在绘制过程中随时保存，方便进行修改和编辑，而传统绘画则需要消耗更多时间和物质资源。数字化绘画支持丰富的色彩模型，如RGB和CMYK等。

（2）节省成本

数字化绘画减少了传统画材的消耗，无需购买颜料、画纸、画板等制作材料，节省了绘画成本。没有纸张或画布边缘的限制，可以轻松调整画作尺寸。还可以轻松撤销或更改操作，降低了尝试的成本。

（3）更直观

数字化绘画可以使用各种图层来区分不同的画面元素，使用色板或调色板来更直观地进行色彩设置，使绘画过程更加直观和便捷。通过使用图层功能，可以更方便地调整和修改已有设计。

（4）易于传播

数字化绘画可以轻松地通过互联网等媒介进行传播和展示，能够更广泛地分享和交流。数位板和笔记本电脑等设备便于携带，方便创作。方便与其他数字媒介整合，适用于多种传媒、艺术领域。

2. 劣势

（1）限制材质变化

在纸面上的画作能够通过改变画材、画笔等方式使其表现出多变的质感，而数字作品的金属冷感难以达到这一点。

（2）手感不同

传统绘画是通过笔头在纸上的摩擦和颜料的运用体现的，而数字化绘画则是通过绘制板和笔之间的关系体现的，绘画时的手感有所变化，空间感有时难以把握。

（3）靠创作经历

数字化绘画常使用特殊软件，视觉效果可能很精美，但可能随着时间的推移不可长久保持，而传统绘画可长久保持，防止画品出现缺陷。

（4）受局限

使用电脑进行绘画时，手的灵敏反应会消失，容易被技术工具的约束限制。而使用传统画材对画家的技术经验与对画材使用的经验有要求。

五、应用领域

数字化绘画是一种通过计算机技术和图像处理技术实现的艺术创作方法。与传统绘画相比，数字化绘画具有更高的灵活性和创意潜力，应用范围非常广泛，如动画、游戏、电影、广告、插画、室内设计、时尚设计等。随着科技的发展和大众审美的提高，数字化绘画的应用范围将越来越广泛，主要领域有以下几类。

1. 插画设计

数字化绘画在插画设计领域具有广泛的应用，包括儿童图书插画、杂志插图、漫画、广告插图等。数字化绘画技术可以快速方便地制作高质量的插图，同时还可以实现多种绘画风格。

2. 概念艺术

在游戏、动画、电影等产业中，概念设计师使用数字化绘画来设计场景、角色、道具等元素，方便预览作品，为后期制作提供强有力的设计指导。

3. 视觉设计

数字绘画也被广泛应用于视觉设计领域，包括平面设计、网站设计、应用界面设计等。设计师可以利用数字化绘画技术创作独特的视觉效果，提高设计的审美和吸引力（如图8-1-5所示）。

图8-1-5　视觉设计

4. 动画制作

二维动画和三维动画在很大程度上依赖于数字化绘画。动画场景、角色、道具等元素的设计和创作都需要数字绘画技能（如图8-1-6所示）。

图8-1-6　动画设计

5. 游戏开发

在游戏制作过程中，数字化绘画可用于设计游戏角色、场景、道具等元素。此外，游戏中的图像纹理也是通过数字绘画技术制作的（如图8-1-7所示）。

6. 艺术教育

数字化绘画在艺术教育领域有着重要应用。教师可

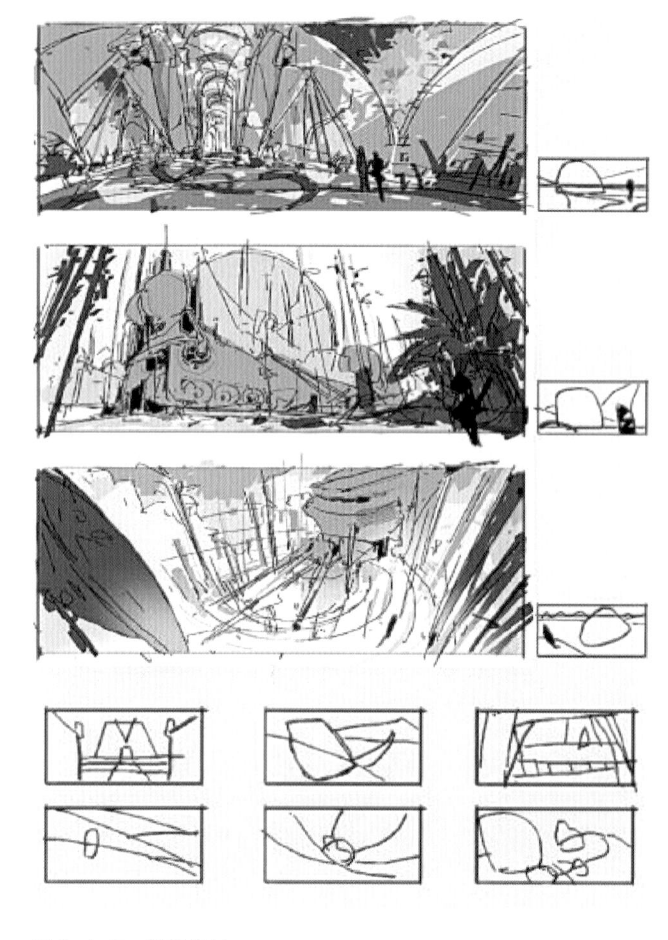

图8-1-7　游戏设计

以利用这一技术为学生讲解绘画知识和技巧，学生也可以通过实践提高自己的数字绘画水平。

7. 时尚设计

数字化绘画在时尚设计领域也发挥着重要作用。设计师可以通过数字绘画技术快速设计、修改服装图案或图案组合，以满足快速变化的市场需求。同时，时尚插画也是时尚设计的重要组成部分，通常采用数字绘画技术创作。

8. 数字艺术

数字艺术家运用数字绘画技术创作出独具特色的艺术作品。这些作品通常充满创意，包括抽象画、风景画、肖像画等。通过将现实中的物体或场景进行数字化重组，艺术家们可以表达内心的情感，引发观者思考。

9. 建筑设计

数字绘画在建筑设计过程中大有用武之地。建筑师和设计师可以利用数字绘画技术对建筑结构和外观进行草图绘制，实现局部细节的调整并生成逼真的效果预览。

10. 工业设计

数字绘画也在工业设计领域得到了广泛应用。设计师通常使用数字绘画软件及CAD软件来完成产品设计，提高工作效率，同时减少设计中的错误（如图8-1-8所示）。

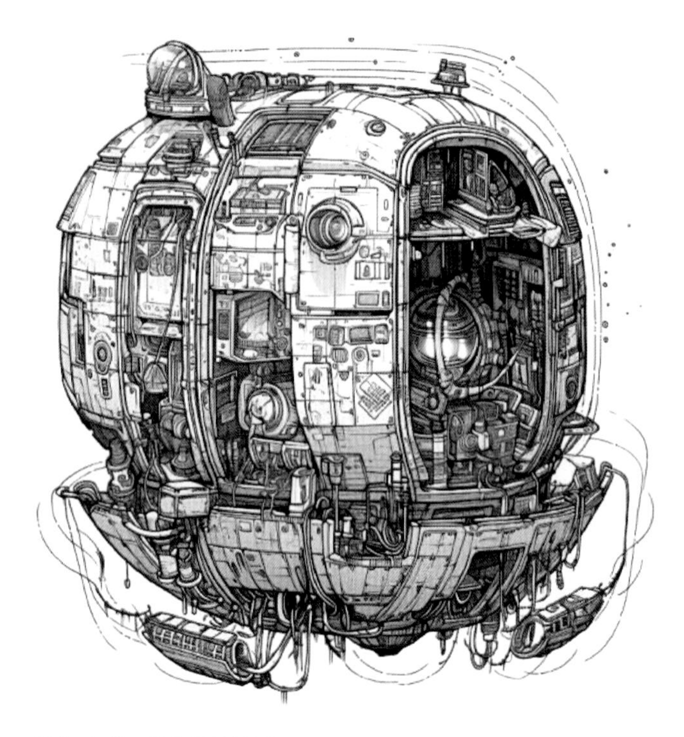

图8-1-8　工业设计绘画

六、数字化绘画的发展方向

数字化绘画在未来的发展方向主要围绕以下几个方面。

1. 更加逼真的绘画效果

未来的数字绘画将注重模拟传统艺术材料，以更加准确和真实的方式来表现绘画效果。比如，模拟绘画笔触、纸张质感和画面厚度等。

2. 更加智能的创作工具

目前，受人工智能技术的限制，数字化绘画的辅助工具如色彩自动匹配和自动梯度等功能还无法达到较高的水准，未来数字化绘画的发展将会更加注重智能辅助创作工具的研发。

3. 跨领域的互动

数字化绘画不仅在艺术创作方面有很大的潜力，还可以与其他领域进行融合和互动，如与游戏、设计、动画等结合，创造更为独特的表现方式。

4. 结合虚拟现实技术

随着虚拟现实技术的成熟，数字化绘画也将与之结合，为用户提供更加身临其境的绘画体验。

5. 数字化作品自我保护

未来的数字化绘画作品需要借助区块链技术来确保其版权和所有权，从而保护数字化作品的利益。

随着技术的不断发展，数字化绘画将会不断创新，根据用户需求来设立新的方向，开发出更为智能、丰富的创作工具和更具娱乐性和实用性的数字艺术作品。因此，设计师需要对数字化绘画领域不断进行学习和探索，了解最新的技术和趋势，掌握先进的设计工具和方法，以匹配时代的发展和市场的需求。同时，设计师还要注重与其他领域的跨界融合和合作创新，汲取不同方面的灵感和元素，为数字艺术的发展和推广贡献力量。未来，最优秀的设计师将是那些具备深厚技术和艺术功底，善于创新和与时俱进，能够跳出传统思维框架，有卓越的审美和判断能力，以及远见和开放思维的设计师。

此外，随着数字媒体的发展和数字艺术作品的不断升级，数字化绘画将在更广泛的领域和场合得到应用，比如数字广告、数字营销、游戏设计、虚拟现实、动画制作、虚拟影视等。这将给设计师们带来更多的机会和挑战，需要设计师具备多方面的知识和技能，不断提升自己的综合素质，以把握机遇，应对挑战。数字化绘画是数字媒体领域不可或缺的一部分，具有广泛的应用前景和发展空间，而且发展速度极快，需要设计师不断地学习和挑战自己，以达到更高的创作水平。

第二节 照片写生与转译方法

一、照片写生

照片写生和转译是两种不同的绘画技术和思路，但是也有相通之处。照片写生是指将照片作为写生素材，通过复制照片里的构图和色彩，进行绘画创作。这种绘画方式主要强调精确的复制和还原能力，包括构图、色彩、明暗、细节等。它需要绘画者掌握绘画技巧和对色彩、光影等要素的分析和理解。照片写生的优点是可以准确地记录事物的细节和真实的外表，使作品更贴近事物本身，同时由于摄影技术的使用，还可以捕捉到传统写生难以把握的瞬间，实现动态的画面效果。因此，在创作风景、人物等需要精细表现的作品时，照片写生是一个可靠的创作方式（如图8-2-1所示）。

然而，照片写生过于追求表面的真实和还原度，可能会削弱绘画创作的艺术性和创新性。此外，由于素材来自照片，艺术家缺少亲身接触事物的机会，这可能导致创作激情不足，或者创作出来的作品充满了理性的冷漠。

二、照片转译

转译是一种从主观感受和想象切入的思维方式。照片的转译速写是将照片作为灵感来源，以主观感受和创意为出发点，通过艺术语言（线条、形态、色彩等）表达内心感受和想象的一种绘画创作方式。设计师通过个人的艺术语言和创意，将一个抽象的主题或者对象表达出来。转译并不追求表现事物的外表，而是试图将事物用个人的语言去诠释和表达。它需要设计师对特定主题的深入理解，对线条、形态、色彩等艺术元素的灵活掌握，以及对情感的把握和表达。转译的优点是可以使艺术作品更具个性和独特性，并表达出设计师的思想和情感。由于转译是从主观感受出发，它可以提供更自由的创作空间和更多抒发情感的机会。设计师可以运用艺术语言如线条、形态、色彩和空间，来表达自己的内心感受和创意，使得作品更具个性和独特性。不过，与照片写生不同的是，转译并不追求表现事物的真实性和准确性，这可能会带来创作上的不确定性和难度。同时，这种创作方式与主观感受紧密关联，可能导致观众在艺术语言上的难以理解或者意义不清楚。

设计师可以通过重新构图和色彩磨合等方式来使画面表现出自己想要的情感和效果。例如，可以通过更换

图8-2-1 婺源摄影图/张弢

色彩、增强或减弱某些细节来强调画作的特定主题或情感。此外还可以利用自己的想象力来表现更多的创意和独特性。照片转译可以应用于各种不同的主题和对象，如肖像、风景、静物等。但是，需要注意的是，不能简单地将照片与画作混淆，在创作中应该尽可能避免直接抄袭照片中的内容，而应该根据自己的创意和情感经验，注入自己的个性和艺术风格，使得作品更具创意和艺术性（如图8-2-2、图8-2-3所示）。

照片的转译对于设计师来说，是利用速写技巧将其转化为手绘作品。在空间设计中，照片的转译可以发挥以下作用。

1. 丰富创意

照片转译和摄影是两种完全不同的表现方式。照片转译注重捕捉描绘对象的灵活感触，而不是精准的细节。设计师可以利用照片转译来创造自己的独特视角，并表达出更丰富、更具创意的想法。

2. 提升审美

照片转译可以帮助设计师拓展美学视野，从而为设计提供更为独特的视角。通过照片转译，设计师可以发现平时未能发现的细节，进一步提升自己的审美水平。

3. 提高技能

照片转译需要大量的实践，可以帮助设计师提高自己的绘画技能和表现能力。练习照片转译可以提高设计师的手眼协调能力和笔触技巧，提高平面设计、视觉设计等方面的绘画能力。

4. 促进交流

速写作品简洁、清晰，具有良好的传达性。设计师可将照片转译作品用于与客户、团队成员和同行之间的交流和沟通。照片转译作品可以快速呈现设计思路、意图和设计方案。

5. 丰富设计素材

照片的转译可以为设计提供更多的素材来源。设计师可以将其融入设计中，为作品注入新的创意元素。

照片写生和转译是各有优缺点的两种绘画创作方式，设计师可以根据自己的创作观念和需要，选择最适合自己的方式，在创作中追求技巧、审美和感性并重，

图8-2-2　场景写生/学生作品/王一鸣

图8-2-3　场景速写/学生作品/田颖

不断拓展自己的艺术创作能力和思维能力。两种方式各有优缺点，无法简单对比，可满足不同的创作需求。对于写实风格的绘画创作，照片写生可以提供准确的素材，更好地把握事物的形态和色彩；若想创作偏向表达情感和思想的抽象风格的作品，转译速写可以提供更多的自由度，更能准确表达作品的主题和内涵。

照片的转译速写可以丰富设计师的创作素材，提高技能水平，促进交流和传达，为设计提供更多的独特想法和启发式的创意元素。因此，设计师应该将照片的转译速写作为一个重要的创作手段，并不断练习，发掘更多的创作灵感和可能性。在应用过程中，设计师应该根据具体需求，灵活选择不同类型的速写技巧，并结合设计元素的特性，进行自由组合和创新应用，以期达到更好的视觉效果和用户体验。同时，设计师也应该注重提高自己的审美水平，不断探索和尝试，进一步提升自己的设计能力和市场竞争力。除此之外，设计师也需要了解不同领域和行业的特点和需求，以更好地运用照片的转译速写进行设计，满足不同用户的要求。丰富的设计素材和实际的使用经验，可以让设计师更好地把握市场趋势，提高作品的价值和影响力，成为行业内的佼佼者。最后要强调的是，照片的转译速写并不可以完全取代照片或手绘，而是一种补充。在具体应用中，设计师需要根据设计要求和场合灵活选择不同的表现手段，达到最佳的设计效果。

第三节 照片写生与转译速写练习

请完成以下照片写生与转译速写练习，如图8-3-1、图8-3-2所示。

图8-3-1　拙政园写生/学生作品/田颖

图8-3-2　古镇写生/写生作品/田颖

✤ 本章小结

数字化绘画是使用数字绘画工具创作的手绘，追求形式简单和笔触流畅，能够快速表达感觉和情感。其中的数字化速写通常应用于概念设计和构思阶段，可以快速记录和呈现艺术家的想法，并为后期的详细绘画提供设计参考。数字化速写的优势在于灵活，适合在数码板上创作，制作效率高，可以快速地进行创作和修改，还能够轻松地实现颜色、构图和线条等方面的优化，使作品更加富有创意。

照片写生与转译速写以照片为素材，进行后期制作和加工，可制作出高质量的照片画板，真实反映现实中的细节和情感。照片写生与转译速写可以使作品更加真实且具有代入感，能够体现创作时的感受，还能够反复修改和调整，使作品更加完美。照片写生与转译速写需要具备拍摄技术和后期制作能力，并需要有一定的判断和调整能力，以制作出高质量的照片画板。数字化速写更适用于轻松、快速、自由的创作，注重抓住刹那间的感觉，侧重于捕捉灵感和快速概括创意，注重细节和情感的创作，需要对现实感和情感细节进行精细的表现，注重技术和实际经验。

将数字化速写和照片写生结合可以得到更好的创作效果。可以将照片作为速写的参考，通过速写来重新设计和描绘照片中的元素，从而制作出更具个性化的作品。也可以通过数字化速写来留住自己的感受和想法，通过照片写生和转译来表现这些感受和情感。例如使用数字绘画工具对照片进行着色并添加新的元素，以此来表现自己的思想和观点，通过照片写生和转译速写制作出一个基本的结构，然后再通过数字化速写加入更多的细节和风格元素。

数字化速写和照片写生结合使用，不仅可以保留原本照片的形态，还可以创造出新的、拥有个性的作品。通过有机地融合两者，可以使画面更加真实生动、具有感染力。

数字化速写和照片写生转译速写都是艺术创作中常用的技巧，它们有一定的相似性和差异性。

一、相似性

① 都是将现实中的对象或场景作为创作素材，以便于进行创作。

② 都能够帮助设计师快速准确地理解对象或场景的特点和结构，并将其运用到创作中。

③ 都可以提供良好的表现手段，用不同的方法和技巧来表达创作意图。

二、差异性

① 数字化速写更加直接、自由，可以通过数字化绘画工具来快速创作出结构简单的线条、线稿等，表达抽象的想法和概念。

② 照片写生转译速写更加准确、实际，可以通过照片反映现实生活中的细节和情感，让创作更具有代入感。

③ 数字化速写更加考验个人的审美和表达能力，其作品具有一定的风格和特色，色彩、构图、线条等方面更具个人特点。

④ 照片写生与转译速写更加注重基础技能和实际经验，它需要艺术家具备较高的照相技术和后期制作能力，以制作出高质量的照片画板。

总体来说，数字化速写和照片写生转译速写在不同的场合和目的下可以互相补充和应用，设计师们应该注意掌握这两种技巧，并学会在实际创作中灵活应用，以取得更好的创作效果和更加富有创意的作品。

✤ 复习思考题

① 慢写人物时需要注意哪些问题?

② 如何掌握比例与构图?

③ 如何增加画面层次感和体积感?

✣ 扩展阅读

一、数字艺术展览

沉浸式数字艺术展览——以数字艺术为关键词的艺术展览在国内成为热点。当前，走进博物馆、科技馆观看艺术展览成为越来越多的人选择的休闲方式。

通过艺术与情景的融合，创造出一个全新的心灵场域。充满幻想的音效与灯光、交互式数位艺术与环境相融合，形成了无与伦比的视觉盛宴。

中庭被纵横交错的扶梯和飞桥分割，彩色全息图像和环环相扣的艺术装置悬挂其中，地板由高度抛光的黑色水磨石制成，入口和出口设置有低矮的拱门，像是另一个沉浸式的剧院。

此外，中庭墙上的安全架上有与机器人Aura、360°头像捕捉和波束成形声音显示器相互联结的420个单独的SmartV Hypervsn显示器。

数字化沉浸式体验

二、张弢摄影作品

相机是生活的记录者、速写者。摄影师从不同的角度，整合光影声色，创作触动人心的作品，展现大好河山、人间万象，记录点滴生活和平凡的故事。

摄影作品（一）

摄影作品（二）

第九章 优秀速写作品欣赏

◈ **学习目标**

学会赏析优秀作品对于提升绘画能力是很重要的，要学会观察优秀速写作品，进行学习，取长补短，不断总结经验，多画多看，提高自己的绘画水平。

◈ **能力目标**

具备赏析优秀作品的能力，提高自己的审美水平，学习优秀作品的绘画技巧，不断练习，不断提高自己的绘画水平。

◈ **知识目标**

① 了解提高观察力与审美水平的方法。

② 了解赏析优秀作品的方式。

③ 了解临摹优秀作品的方式。

第一节
欣赏设计速写作品的意义

设计速写是设计师在思考和构思设计方案时，快速记录和表达自己构思和想法的一种手段。欣赏设计速写作品的意义在于以下几个方面。

1. 了解设计师的创意思路

设计速写是设计师在设计前期进行构思和表达的重要手段，通过欣赏设计速写作品，可以加深对设计师创意思路的理解。

2. 提高审美能力

设计速写作品的风格多样，包括线描画、水彩画、钢笔画等，通过欣赏作品可以提高自己的审美能力，扩展自己的视野。设计速写作品通常是设计师在设计构思过程中的快速表达，具有很高的艺术和审美价值。欣赏这些作品可以帮助我们发现美的本质，增强我们的审美认知和体验，培养我们对美的敏感度和鉴赏能力。例如，欣赏一张设计速写作品，可以从颜色的运用、构图的布局、形体的塑造等方面来分析，并将好的经验贯彻到日常的设计工作中。

3. 提高设计理解能力

设计速写作品不仅仅是一幅单纯的画作，同时也是对一个设计方案的提炼与表达，欣赏作品可以帮助人们更好地理解设计方案，从而提高自己的设计理解能力。设计速写作品是设计师自身对设计构思的快速表达，可以反映设计师的创意思路和思考方式。欣赏速写作品，可以学习到不同设计师的创新方向，深入了解设计师的创作灵感、设计背景和设计思路，为自己的设计实践提供借鉴和启示，借此提高自己的理解和实践能力。也可以尝试自己练习设计速写，在练习的过程中加深对设计元素、构图等各方面的认识，进而提高自己的实践能力。

4. 了解设计师的思考方式

设计速写是设计师对设计方案进行想象和展示的方式，欣赏设计速写作品能够更好地了解到设计师的思考方式，对于初学者更有帮助。

5. 增强创造力和表现力

欣赏设计速写作品可以激发创造力和表现力，学习设计师如何运用不同的绘画技法和创作方法，从而对自己的设计思路和构思能力进行更有针对性地训练和提高。可以通过欣赏速写作品的形式、色彩、构图等方面的特点，来激发自己的创造力，推陈出新，从而提高自己的绘画水平。

6. 熟悉设计行业动态和趋势

设计速写作品是设计师在构思设计方案时的快速表达，也是他们对行业动态和趋势敏锐洞察的体现。欣赏设计速写作品可以更好地了解设计行业的发展方向和趋势，帮助我们在设计中更加具有前瞻性和创新性。例如，通过欣赏一些领先行业的设计速写作品，可以了解到如何满足用户需求，如何引领潮流等方面的思想，从而在设计时更有目的性地创作出一份令人满意的作品。

7. 培养绘画兴趣和爱好

设计速写作品充满了活力和创意，欣赏作品可以培养绘画兴趣和爱好，对于对绘画感兴趣的人们来说，这是一种富有启发性和趣味性的体验。例如，欣赏一幅精美的设计速写作品，可以感受到其中用色的巧妙搭配和线条的流畅感，这便能激起我们对于美的追求和绘画的热情。

通过欣赏设计速写作品，不仅可以提高自己的审美能力和理解能力，也能够激发自己的创作灵感和动力，培养自己的绘画兴趣和爱好。欣赏设计速写作品对于设计实践具有丰富的意义，能够提高自己的审美，帮助理解设计思路和创意方案，并为自己的设计提供灵感。欣赏设计速写作品还可以鼓励设计师勇于表达自己的创意和思想，不断精进自己的绘画技巧和表达能力，从而更好地适应不同的设计需求和应对设计挑战。同时，欣赏设计速写作品也可以为设计师提供更多元化的思路和创意灵感，帮助其进行更好的创意发掘，提高创意输出的质量和效率，从而更好地服务于社会。因此，欣赏设计速写作品不仅能够增强自身的审美能力和文化素质，更是为设计实践提供重要的理论基础和实践支撑，为空间设计事业的创新和发展提供积极的推动力。

第二节 设计速写应用作品欣赏

欣赏设计速写应用作品时，可以从以下几个方面来思考和评价。

1. 创意和构图

关注作品的独特创意和创新构图，注意观察绘画者如何运用线条、形状、颜色等元素来表现主题或场景。

2. 技巧和表现力

观察绘画者的绘画技巧和表现力，包括线条的流畅度、色彩的运用、阴影的处理等。评估作品中各个部分的精细程度以及整体的视觉效果。

3. 观察力和描绘能力

注意绘画者对被描绘对象的观察力和描绘能力。关注作品是否能够准确地捕捉细节和表现物体的形态、质感和光影变化。

4. 情感传递

作品是否能够引起观者的情感共鸣，传递绘画者的情感和意图，体现对主题的理解和感受。

5. 创作背景和意义

了解绘画者的创作背景和意义，包括他们的灵感来源、创作目的等。这有助于更好地理解作品的意义和价值。

最重要的是，赏析设计速写应用作品是一种主观的体验，每个人对同一件作品可能有不同的理解和评价。因此，应以开放的心态，从个人的角度出发进行欣赏和评价。

设计速写应用作品，如图9-2-1~图9-2-9所示。

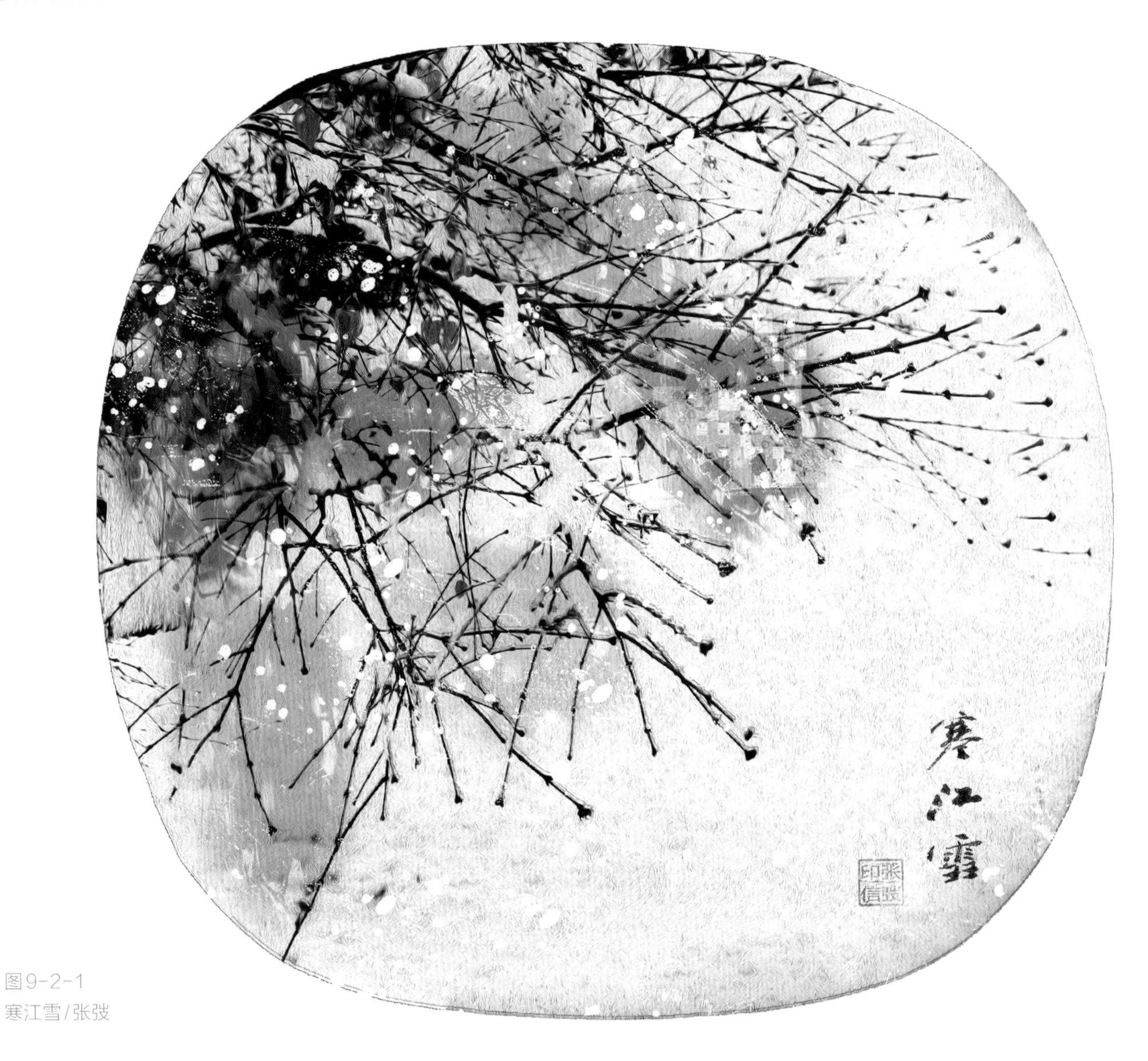

图9-2-1
寒江雪/张弢

图9-2-2
片烟渐远/张弢

图9-2-3
徽派建筑场景速写（一）/张弢

图9-2-4
徽派建筑场景速写（二）/张弢

图9-2-5
客家土楼/张弢

图9-2-6
溪岸人家/张永志

图9-2-7
生济小村/张永志

图9-2-8
空山新雨后/
张永志

图9-2-9
风景国画/张永志

✣ 本章小结

速写是绘画中的一种重要表现形式，欣赏优秀速写作品可以使绘画者更好地提高绘画技能和创作能力，其作用是多元化的。

① 提高构图能力：快速捕捉画面，需要对构图和角度有准确的把控，而优秀的速写作品往往能给绘画者提供优秀的构图示范。

② 增强观察能力：绘画者需要敏锐的观察力和快速反应能力，能够抓住瞬间的动态或者微妙的表情、角度和细节等，而欣赏优秀的速写作品可以让绘画者更好地了解这些细微之处。

③ 增强素描技巧：速写作品的绘制原则就是快速、准确地勾画出画面，这对绘画者的素描技巧有很高的要求，绘制速写作品能够帮助绘画者加强素描技巧的掌握和应用。

④ 提高用光和用色能力：优秀的速写作品具有较好的构图、笔触和线条感，及画面的光影、渲染和色调等，对提高绘画者用光和用色能力有帮助。

只有不断欣赏、学习和钻研，绘画者才能更好地掌握速写技巧，并运用于自己的创作之中。

画好速写对设计师也有重要意义，它可以提升设计师的素描能力、构图能力、色彩感知能力及快速捕捉观察的能力，进而给设计师的创作带来积极的影响。具体而言，画好速写对于设计师的重要意义体现在以下几个方面。

① 提高空间设计能力：速写作品总是具有鲜明的画面感，通过绘制速写，可以提高设计师的素描能力，使其在创作时能够更加精准地捕捉不同物象的特点，并加强对细节的表现。

② 加强构图设计能力：速写作品强调简练、快速的表现，其构图方式更能准确表现出各种形式和姿态，让设计师能够在学习速写作品中，加强对构图技巧的掌握，从而在设计中更好地塑造视觉效果。

绵韵古水流潺潺/张永志

雨后宏村/张永志

小桥流水人家 / 张永志

③ 增强色彩感知能力：速写不仅注重线条和构图，同时也强调色彩的运用，画好速写可帮助设计师更好地掌握色彩运用，更好地表达设计思想。

④ 提高观察力和快速反应能力：画好速写能够帮助设计师更新日常视觉经验，加强对各种形状、颜色、光线和角度的把控，更好地提高观察力和快速反应能力。

婺源篁村边景 / 张弢

婺源篁村/张弢

山中小村/张永志

✣ 复习思考题

① 如何运用黑白规律来经营画面？

② 怎样使得创新思维得到深化？

③ 美术学习如何从单纯的技能、技巧学习层面提高到美术文化学习层面？

✣ 扩展阅读

南京铁道职业技术学院中华优秀传统文化传承基地秦淮灯彩非遗展馆

项目主持：张弢、金旭东、马娜娜

本案例获批江苏省优秀传统文化传承基地立项并以江苏省第一名的成绩验收结项，获得2023未来设计师·全国艺术设计教师教学创新大赛（NDTC）江苏省选拔赛一等奖，国赛一等奖。

江苏省中华优秀传统文化传承基地——秦淮灯彩非遗展馆位于南京铁道职业技术学院图书馆6层。建设该基地的目的一是构建中华优秀传统文化传承体系，加强文化遗产保护，振兴传统工艺；二是弘扬民族文化，使非物质文化遗产得到重生，形成一种文化认同感和历史感；三是承担文化教育的社会责任，打造面向公众，集展示宣传、科普教育、文化交流于一体的文化基地。

展厅的主题为“传承守护”，传史之精魂，彰显秦淮灯彩的光芒和荣耀；承国之瑰宝，承载民间文化的记忆和文明；守秀之曼舞，收藏秦淮灯彩的品格和身姿；护华之序曲，感悟秦淮灯彩的内涵和华章。

根据展馆的定位，设计师将展示空间设定为六个区，分别是序言部分、汗青流芳彩灯明——秦淮灯彩渊源（1700年的历史展示）、岁月鎏金光影情——秦淮灯彩制作工艺及流程（劈、锯、裁、剪、削、熏、烘、烤、熨、浸、染、扎、裱、绘、雕刻、装配等工艺）、薪火相传佳作频——非遗大师代表展示（顾业亮大师介绍及手工艺展示）、活态保护传精髓——秦淮灯彩的保护与传承，以及经典作品展示、结语。传承作品展示区展示非遗大师及其传承人作品；传统工艺体验区可体验传统工艺制作过程；数字化展示区展示新技术新工艺和传统技艺制作过程；创新及衍生产品展示区，展示传承与创新中心的作品实物与图片。展馆的展陈设计融合展示艺术和非物质文化的精髓，成为联结传统与现代的桥梁。其展示形式与传播方式秉承以人为本的理念，从意境着手，采用情感寄托的手法营造环境场景。场馆采用动静结合、实物陈列与场景模拟结合的方式，体现互动性、体验性的特色。

展馆为新中式风格，根据功能区的划分，使用镀锌板作为隔断，利用木结构展示板、木作与钢化玻璃展示柜划分主要区域，软性装饰材料有图案纱幔、竹

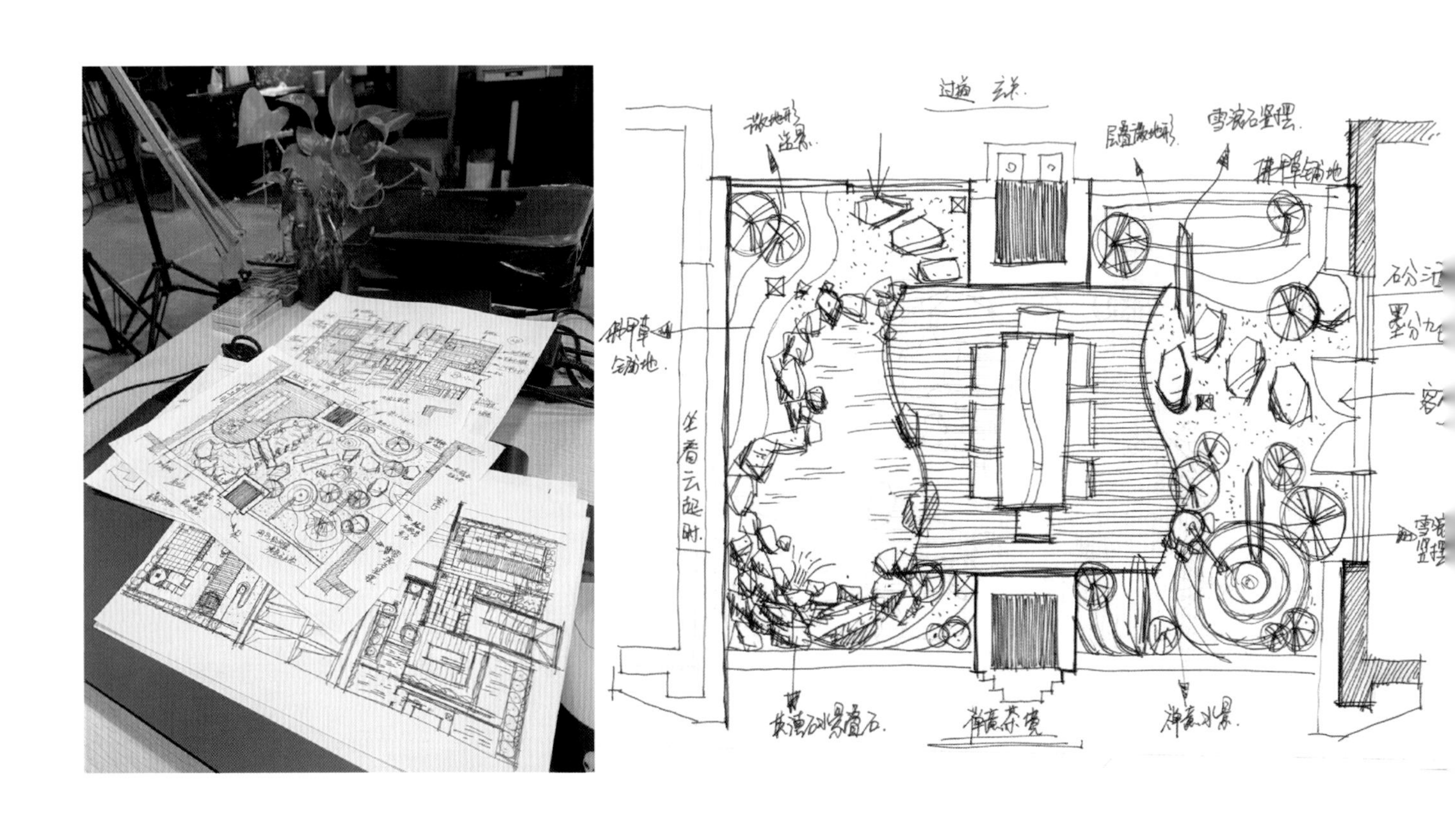

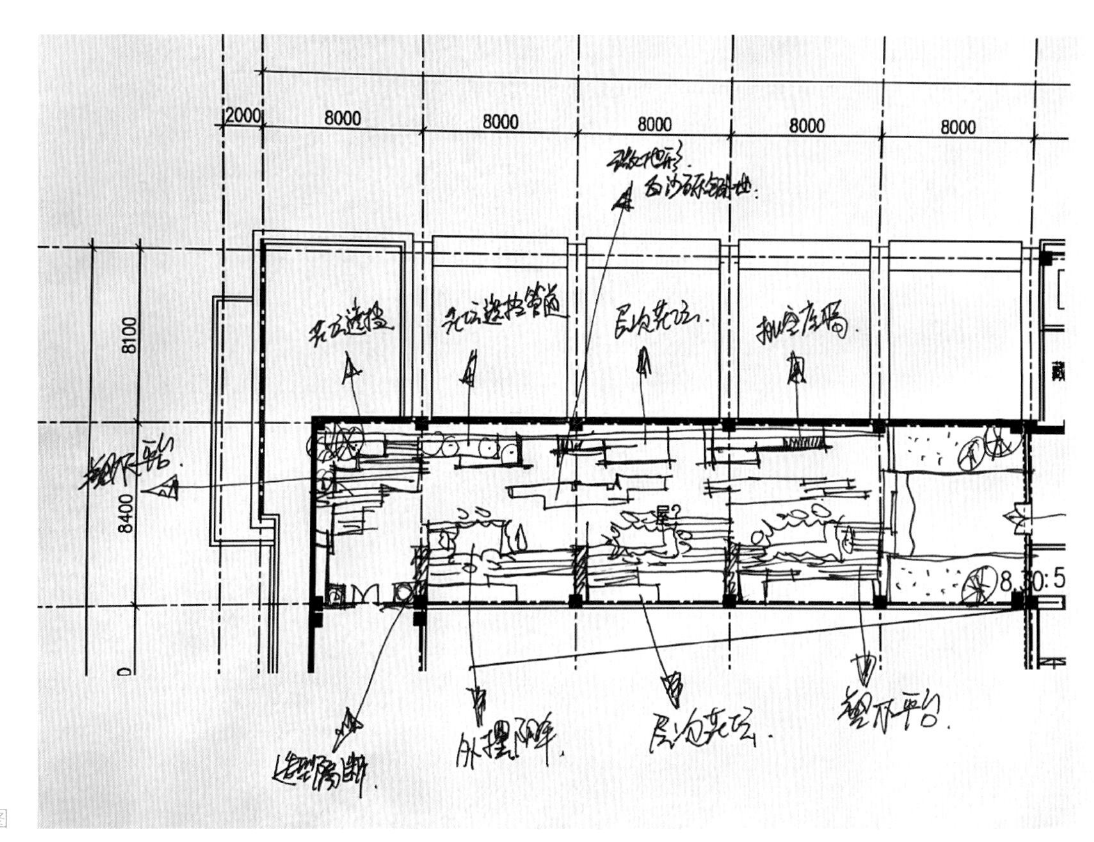

设计手绘草图

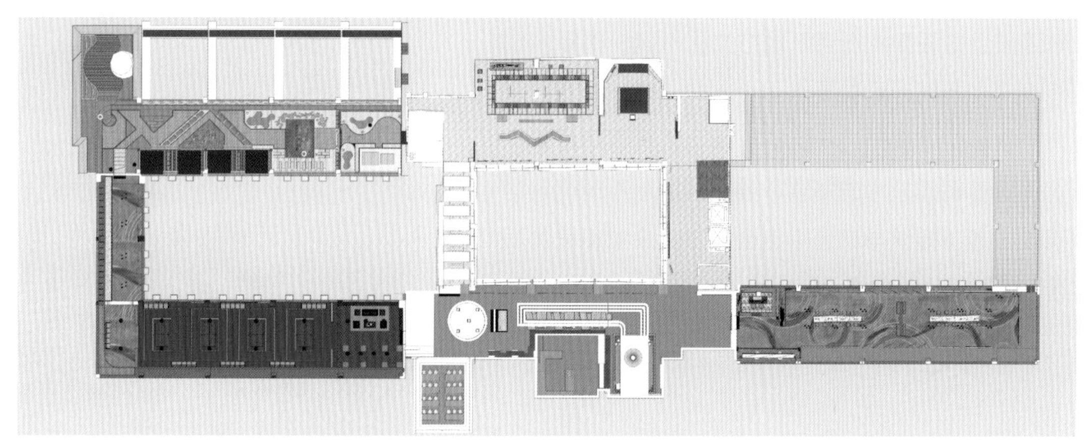

展区总平面图

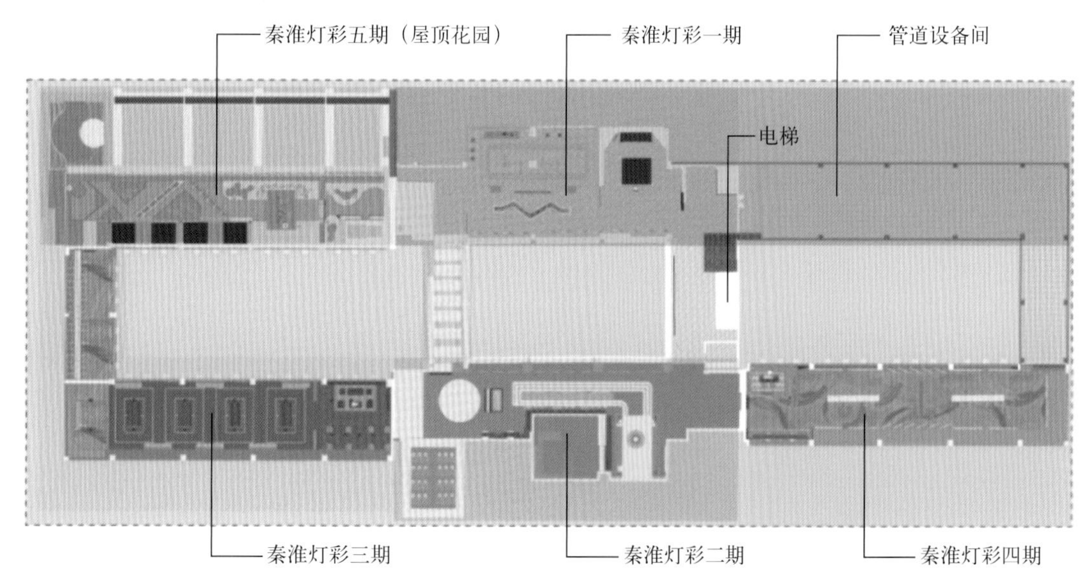

展区分区图

帘、藤垫、石粉与金属字、彩绳、高弹性尼龙布、中粗麻绳等。序言部分用立体字+互动沙盘呈现，秦淮灯彩1700年历史渊源的展示形式为平面展示（书籍记载、投影）、立体实物（玻璃钢雕塑场景）和全息投影，秦淮灯彩制作工艺及流程的展示形式为秦淮灯彩制作工艺的情景展示、实物展示柜（灯彩制作工艺）、全息投影、互动投影，非遗大师代表展示的主要形式为实物展示（荷花灯、向日葵、十二生肖、二十四节气代表性实体灯彩等）、全息投影、互动投影，秦淮灯彩的保护传承与经典作品展示形式为实物展示（经典作品与灯彩新工艺作品）、全息投影、互动投影，结语部分的展示形式为墙面展示、墙面留言、电子留言与互动。

非物质文化遗产的展示是一个具有一定设计色彩的研究项目。在其设计过程中，既要充分地将其文化背景展示出来，让人们能够对其进行认知和了解，还要激发人们对于非物质文化遗产的兴趣，从而推动非物质文化遗产在更广范围内的传播。秦淮灯彩非遗展馆作为秦淮灯彩非遗展示的成果，在活跃地方文化气氛，传承中华优秀传统文化方面起到重要作用。此外，这一措施可以对现有非物质文化遗产进行保护，从而使其更好地传承下去。伴随着现代技术的发展，要充分地运用现代科学技术手段，通过传统与现代相结合的方法来实现非物质文化遗产传播的最大化。

展馆室场景（一）

家国情怀
因

展馆室场景（二）

参考文献

[1]孙景波. 靳尚谊素描集[M]. 南宁：广西美术出版社，2000.

[2]林家阳，冯俊熙. 设计素描[M]. 北京：高等教育出版社，2005.

[3]姜桦，周家柱. 速写[M]. 西安：陕西人民美术出版社，2001.

[4]赵喜伦. 国外建筑钢笔徒手画精选[M]. 北京：中国建材工业出版社，2004.

[5]孟鸣，张丽，柳涛. 建筑风景速写[M]. 沈阳：辽宁美术出版社，2016.

[6]金伟，何燕. 建筑钢笔速写[M]. 上海：上海大学出版社，2000.

[7]史林平，钟山. 构图决定一切[M]. 北京：人民邮电出版社，2011.

[8]黑马，何燕屏. 吴冠中速写意境[M]. 广州：广东人民出版社，2002.

[9]曹琳羚. 建筑速写轻松学[M]. 北京：人民邮电出版社，2019.

[10]陈新生. 建筑速写技法[M]. 北京：清华大学出版社，2005.

[11]袁诚，秦凡. 钢笔画技法[M]. 武汉：湖北美术出版社，2002.